Carl Boegle

Über den Mechanismus des menschlichen Ganges und die

Beziehungen zwischen Bewegung und Form

Carl Boegle

Über den Mechanismus des menschlichen Ganges und die Beziehungen zwischen Bewegung und Form

ISBN/EAN: 9783743317789

Hergestellt in Europa, USA, Kanada, Australien, Japan

Cover: Foto ©berggeist007 / pixelio.de

Manufactured and distributed by brebook publishing software
(www.brebook.com)

Carl Boegle

Über den Mechanismus des menschlichen Ganges und die

Beziehungen zwischen Bewegung und Form

ÜBER DEN

MECHANISMUS

DES

MENSCHLICHEN GANGES

UND DIE

BEZIEHUNGEN ZWISCHEN BEWEGUNG UND FORM

VON

CARL BOEGLE

PRAKTISCHEM ARZT.

MÜNCHEN

THEODOR ACKERMANN

KÖNIGLICHER HOF-BUCHHÄNDLER.

1885.

Vorwort.

Vorliegende Abhandlung enthält Gedanken und Untersuchungen über die Bewegungen des menschlichen Ganges und deren Organe, welche mich seit einer längeren Reihe von Jahren beschäftigten und die mir insofern der Mittheilung werth schienen, als sie möglicherweise anregend auf die Bearbeitung eines Gebietes einwirken könnten, auf welchem seit dem Erscheinen der „Mechanik der menschlichen Gehwerkzeuge von W. und E. Weber" ein unfruchtbarer Dogmatismus herrschte.

Durch aufmerksame Beobachtung der sich beim Gehen abspielenden Einzelvorgänge und durch Kombination des hiebei Gewonnenen zum Ganzen unter Zugrundelegung feststehender Resultate anatomischer und physiologischer Forschung suchte ich einigermassen zu erreichen, was die Unzugänglichkeit dieses scheinbar so offenen Feldes für experimentelle Bearbeitung letzterer vielleicht für immer vorenthalten dürfte. Indem ich zeigen konnte, dass die Formen der Bewegung denjenigen der Organe selbst ähnlich sind, war ich im Stande, den an letztere angeknüpften morphologischen Betrachtungen eine reale Unterlage zu geben.

Die hier nur angedeuteten Ideen über die Organformen und ihre bildungsgeschichtliche Bedeutung hoffe ich in einer späteren Schrift ausführlicher entwickeln und meine Untersuchungen durch Ausdehnung auf einige bekannte Thierformen ergänzen zu können.

Herrn Professor Dr. Rüdinger, welchem ich während meines Aufenthaltes in München im Spätjahr 1878 einen Theil des Inhaltes meiner Arbeit mittheilte, danke ich für die wohlwollende Förderung derselben durch die mir damals freundlichst ertheilte Erlaubniss, mir das erforderliche Material durch Benützung des Secirsaales und der anatomischen Sammlung zu verschaffen.

Ebenso spreche ich hier dem Direktor der königl. Hof- und Staatsbibliothek in München, Herrn Dr. Gg. Laubmann, meinen Dank aus für die zuvorkommende Aufmerksamkeit, mit welcher mir derselbe die Beziehung der nöthigen Litteratur aus genanntem Institute erleichterte.

Glonn im August 1884.

C. Boegle.

Inhalt.

Einleitung.

Wenn Einer es unternimmt, den ihm völlig fremden Mechanismus einer sehr kunstreich konstruirten Maschine zu studiren, so wird er sich zuerst mit der Form und Beschaffenheit und den mechanischen Eigenschaften der einzelnen Bestandtheile beschäftigen, die gegenseitige Beziehung der einander benachbarten Theile, ihre Richtung, Stellung, die Art ihrer Verbindung untereinander zu erforschen suchen; alsdann auf die Kräfte, welche die Maschine in Gang zu setzen bestimmt sind, Bedacht nehmen, auf deren Wirkungsweise, Vertheilung, auf das Verhältniss ihrer Intensität zur Masse etc., und wenn er ein hinlänglich festes Bild vom Ganzen in sich aufgenommen hat, die Maschine abwechselnd in Gang und wieder zur Ruhe bringen lassen, um den Werth und die Bedeutung aller ihrer Theile für's Ganze zu erkennen, den Plan und die Ausführung im Bau derselben zu begreifen, und die Art der Uebertragung der sie bewegenden Kräfte auf Räder, Wellen, Riemen, Hebel, Stangen u. s. w. bis zur schliesslichen Wirkung nach aussen zu verfolgen.

In ähnlicher Weise wird man verfahren beim Studium des Mechanismus des menschlichen Ganges, welcher in Beziehung auf die Regelmässigkeit des periodischen Ablaufes einer Reihe von Bewegungsvorgängen mit dem Gange einer Maschine eine nicht zu verkennende äussere Aehnlichkeit besitzt.

Aus der Kenntniss der Gestalt, Grösse, Schwere und Festigkeit der Knochen, der Art und Weise ihrer Zusammenfügung zu Gelenken, aus der Form und Beschaffenheit der Flächen dieser letzteren; aus der Zahl, Richtung, Widerstandsfähigkeit und Elastizität der Bänder; aus der Masse der Muskeln, ihrer Vertheilung, ihrem Verlauf und ihren Eigenschaften; aus dem Grade der Fähigkeit aller dieser Theile, verschiedene Stellungen gegeneinander einzunehmen u. s. w., wird man sich zunächst eine Vorstellung von den möglichen Bewegungen derselben zu machen suchen.

Hiebei wird man schon des wesentlichen Unterschiedes gewahr werden, welcher zwischen der innern Einrichtung einer künstlich verfertigten Maschine und derjenigen des menschlichen Gehapparates besteht.

Während jene in der Regel nur für eine einzige bestimmte Gangweise berechnet ist, und die Exkursionen ihrer Theile dieser speciell in Grösse und Richtung genau angepasst sind, ist hier gemäss der Bestimmung, den verschiedensten Bewegungen in ebenso vollkommener Weise, wie derjenigen des Gehens, zu genügen, der Spielraum für dieselben viel weiter und stellenweise so gross, dass er keinen Schluss auf irgend eine bestimmte Bewegungsart zulässt.

Die Quelle der Kraft, welche die Gehmaschine in Bewegung setzt, ist ebenso wie bei künstlichen Maschinen ausserhalb derselben zu suchen, und zwar im Centralnervensystem. Aber die Einrichtung ist nicht, wie bei diesen, der Art, dass die Kraft nur auf bestimmte und immer gleiche Theile derselben einwirken kann, um von ihnen aus auf die übrigen fortgeleitet zu werden. Vielmehr ist hier einerseits die Möglichkeit der unmittelbaren Uebertragung derselben auf sämmtliche Muskeln des Apparates zu gleicher Zeit durch besondere Leitungsbahnen gegeben; andererseits können die verschiedensten Muskeln und Muskelgruppen in isolirter Weise direkt in Aktion versetzt werden, in einer Ordnung und Reihenfolge, welche sich an keinen bestimmten Bewegungsmechanismus zu binden braucht.

Wir haben demnach die Wahl, entweder das Vorhandensein eines solchen gänzlich zu läugnen, und die Ursache der periodischen Folge der Bewegungsphasen bei jeder Art von Gehen in hypothetische, ihrem Wesen nach uns gänzlich unbekannte Vorgänge im Centralnervensystem zu verlegen, oder — unter Ausschluss des direkten Eingreifens in die Einzelbewegungen von Seite des Centralnervensystems, anzunehmen, dass die von letzterem ausgehende Kraft sich in ununterbrochen gleichmässiger Weise gleichzeitig auf sämmtliche Muskeln des Gehapparates vertheilt, mit einer Intensität, welche der jeweiligen Gangart entspricht und — ceter. parib. — für die ganze Dauer derselben.

Allerdings wird hierdurch der Apparat noch nicht in Gang gebracht, da die gleichmässige Steigerung der Spannung und des Verkürzungsbestrebens der gesammten Muskulatur zunächst nur zu einem Gleichgewichtszustand führt, und wir bedürfen daher einer weiteren Kraftquelle für das Zustandekommen von Bewegungen. Wenn uns nun physiologische Forschungen lehren, dass der vom Nerven erregte Muskel durch mechanische Dehnung in der That zur Kraftquelle wird, indem alsdann seine Kontraktionskraft um mehr zunimmt, als die dehnende Kraft beträgt, so bedarf es bei der Unvermeidlichkeit von Muskeldehnung bei jeder kleinsten Bewegung des Skelettes nur eines ersten willkürlichen, d. h. direkt vom Centralnervensystem ausgehenden Anstosses zu einer nachher von selbst zirkulirenden Bewegung im Apparat, der damit zugleich die Vielseitigkeit seiner Verwendung verloren hat und jetzt erst gleichsam für den von ihm geforderten Gehmechanismus eingestellt ist.

Und wenn sich uns dann hiemit die Aussicht eröffnet, diesen Mechanismus in allen seinen Theilen nach der logischen Folge von Ursache und Wirkung verfolgen zu können, so werden wir wohl obige Hypothese von einem eigens für das Gehen eingerichteten und dieses in allen Einzelbewegungen unmittelbar leitenden Bewegungscentrum als überflüssig fallen lassen.

Den Verhältnissen einer künstlichen Maschine gegenüber hätten wir die charakteristische Eigenthümlichkeit, dass einem grossen Theile des Apparates, dem die Kraft-Uebertragung obliegt — der Muskulatur nemlich — auch zugleich die Aufgabe der Kraft-Entwicklung zufällt, und dass diese, indem sie Glied um Glied in der Kette der Bewegungsvorgänge beim Gehen auslöst, auch ihrerseits selbst immer wieder von solchen Gliedern ausgelöst wird.

Geht man zu den Bewegungen über, so findet man, dass nur ein Theil derselben in die äussere Erscheinung tritt, der Theil nemlich, in dessen Ebene die Längsausdehnung der Glieder fällt, und welcher direkt zur Lokomotion führt, während ein grosser Theil als innere Skelettbewegung sich der direkten Wahrnehmung entzieht.

Da aber zur Kenntniss eines Mechanismus gehört, dass man den ursächlichen Zusammenhang sämmtlicher Vorgänge, ihre Aufeinanderfolge von der ersten Wirkung der Kraft durch alle Theile der Maschine hindurch bis zur schliesslichen Wirkung nach aussen weiss, so würde man einen falschen Weg einschlagen, wenn man blos den einen sichtbaren, vom unsichtbaren stets abhängigen, bedingten und in jedem Augenblick ergänzten Theil der Bewegung einer noch so genauen Untersuchung unterzöge. Man würde hierdurch nicht mehr erreichen, als durch die Untersuchung der Bewegungen des Schattens der Maschinentheile und würde höchstens für eine gewisse Kategorie von Fällen, in denen die Maschine, die etwa zur Fortbewegung diente, unter verschieden günstigen innern oder äussern Bedingungen arbeitet, die Relationen zwischen räumlichen und zeitlichen Leistungen einzelner Theile gegeneinander und im Vergleich zum Ganzen ermitteln und die Verhältnisse der gefundenen Werthe einander gegenüber stellen können; vom Mechanismus selbst aber dadurch nicht das mindeste Verständniss bekommen.

Nun stösst aber die experimentelle Ermittlung der inneren Bewegung des Skelettes, also diejenige, welche allein auf Exaktheit Anspruch machen darf, auf ausserordentliche Schwierigkeiten. Die mit ihrer Wichtigkeit und Bedeutung kontrastirende Kleinheit der Exkursionen, welche selbst die grössten Knochen, wie Femur und Tibia, während der Rotation um ihre Längsachsen ausführen, der Mangel an prominirenden Knochenpunkten, die verborgene Lage unter den Weichtheilen, deren Mit- und Eigenbewegungen in verschiedenen Schichten, die Ungleichmässigkeit der Bewegung, der eigenen sowohl, wie der

1*

mitgetheilten, verhindern den für eine experimentelle Bestimmung der innern Skelettbewegung erforderlichen Grad von Genauigkeit und machen dieselbe auch in Beziehung auf die äussere Bewegung, wie sie etwa durch photographische Momentaufnahmen zu erzielen wäre, illusorisch.

Der einzige bis jetzt bekannte Versuch, die Bewegungen einzelner Knochenpunkte nach den drei Dimensionen des Raumes zu registriren, welchen in neuerer Zeit Carlet unternommen hat, lässt deutlich die Schwierigkeiten erkennen, welche damit verbunden sind. Mit Recht macht H. Vierordt in seiner Kritik desselben auf den die Natürlichkeit des Ganges störenden Einfluss aufmerksam, welchen die räumliche Beschränkung und die Nothwendigkeit ausüben, in immer gleicher Entfernung vom Registrirapparat in einer Kreisbahn sich zu bewegen und dabei noch einen den Untersuchungsapparat tragenden von ersterem horizontal auslaufenden Hebelarm vor sich herzuschieben. Aber auch die Verwendung der eigenen Hände zur Ueberwachung des Kontaktes zwischen dem Apparat und dem zu untersuchenden Knochenpunkt muss modifizirend auf die Bewegungen des Ganges einwirken.

Gleichwohl beschränken sich die Versuche Carlet's nur auf drei Punkte der Beckengegend, welche vermöge ihrer mehr gleichförmigen Geschwindigkeit in der Richtung des Ganges und ihrer geringen Schwankung um eine mittlere Entfernung vom Apparat die relativ günstigsten Chancen ergaben. Um wie viel mehr müssten sich die Schwierigkeiten steigern bei Anwendung derselben Methode auf die untern Extremitäten, einmal wegen des Wegfalls der Kontrolle der sicheren Applikation des Apparates, dann in Folge der nothwendigen bedeutenden Massenzunahme und Komplizirtheit des letztern!

Wie von den festen Theilen, den Knochen, so hat man versucht, von den Muskeln aus eine Einsicht in die Bewegungsvorgänge beim Gehen zu erlangen, und es ist klar, dass die Kenntniss der Reihenfolge, in welcher sich die das Skelett einhüllenden Muskelfasern an der Aktion betheiligen, genügenden Aufschluss über den Mechanismus geben würde. Allein die experimentelle Ermittlung einer solchen fortschreitenden Reihe von Muskelkontraktionen begegnet scheinbar unüberwindlichen Hindernissen, welche im anatomischen Bau, der Lagerung und Schichtung der Muskelfasern und der Unmöglichkeit einer isolirten Prüfung ihres Verhaltens begründet sind. Man musste sich desshalb bisher mit der Konstatirung des durch Härte und Schwellung sich verrathenden Kontraktionszustandes einiger oberflächlich gelegener zu anatomischen Muskelindividuen vereinigter Fasergruppen begnügen, also mit unvollständigen Bruchstücken der Muskelbewegung, welche eher geeignet sind, zur Bestätigung eines bereits bekannten Mechanismus, als zur Auffindung eines solchen zu dienen.

Angesichts des gegenwärtigen Standes unseres Wissens über die Mechanik des Gehens und der bedeutenden Schwierigkeiten, auf experimentellem Wege zu einigermassen fördernden Resultaten zu gelangen, dürfte zur Zeit noch jede Methode zulässig erscheinen, der es gelänge, einiges Licht auf unsern Gegenstand zu werfen.

Die erste und nächstliegende ist selbstverständlich diejenige der unmittelbaren Beobachtung. Sie ist so alt, wie das Interesse an den Gehbewegungen selbst. Anfangs führte sie zu blosser Beschreibung der augenfälligsten Vorgänge, wie z. B. des abwechselnden Vorsetzens des einen und wieder des andern Beins. Später gesellten sich Erklärungsversuche hinzu, welche dem jeweiligen Stande des anatomischen und physiologischen Wissens entsprachen. Sie bezogen sich entweder auf einzelne Erscheinungen, wie z. B. die Zurückführung der wellenförmigen Linie der Fortbewegung des Rumpfes auf die abwechselnde Neigung desselben nach beiden Seiten (Gassendi), oder sie hatten die Ursache der Fortbewegung selbst zum Zweck. So wurde Borelli durch die Vergleichung der aufeinanderfolgenden Stellungen beider Beine während eines Schrittes mit den Veränderungen, die ein gleichschenkliges Dreieck während seines Ueberganges in ein stumpfwinkliges erleidet, darauf geführt, die fortbewegende Kraft ganz allein in die sich dabei verlängernde, dem hintern Bein entsprechende Seite zu verlegen. Durch Zerlegung ihrer schiefen Richtung in zwei Komponenten nach dem Parallelogramm der Kräfte war eine vertikale, der Schwere entgegenwirkende und eine horizontale den Rumpf fortbewegende Kraft gefunden.

Je aufmerksamer aber die Beobachtung der einzelnen Bewegungsvorgänge in Folge der ihnen zugeschriebenen Bedeutung wurde, desto mehr entdeckte man, dass dieselben weit komplizirter sind, als eine so einfache Schematisirung erwarten liess. Mit der Auffindung neuer Bewegungsrichtungen suchte man auch nach andern Ursachen für die Fortbewegung selbst. So glaubte Magendie sie in den horizontalen Drehungen des Beckens gefunden zu haben, auf welche er zuerst aufmerksam gemacht hatte.

Solche Beobachtungen und Erklärungsversuche, wenn sie auch den Stempel einer gewissen Einseitigkeit trugen, enthielten doch alle etwas Wahres und dienten der Wissenschaft insofern, als sie einzelne Elemente der Bewegung heraushoben und besonderer Aufmerksamkeit würdigten. Zudem gab keine sich den Anschein, ihren Gegenstand erschöpft zu haben und liess jeder künftigen Forschung das Feld offen.

Auf diese Weise wurde immer mehr neues Material hinzugefügt, sowie auch die Thätigkeit des Rumpfes und der obern Extremitäten mit in das Bereich der Betrachtungen hineingezogen.

Die Schilderung der Bewegungen der Extremitäten und des Rumpfes beim Gehen durch G e r d y (Physiologie médicale didactique et critique par P. N. Gerdy, Paris 1833) dürfte beweisen, welch' hohen Grad von Vollständigkeit die aus unmittelbarer Beobachtung geschöpfte Darstellung der Bewegungsvorgänge schon erreicht hatte.

Da erschien „die Mechanik der Gehwerkzeuge" der Brüder W e b e r, in welcher dieselben die Fruchtlosigkeit des bisherigen Verfahrens, das weder von allgemeinen Prinzipien ausgegangen noch zu solchen gelangt sei, darzuthun suchten und die Behauptung aufstellten, dass wie bei andern wissenschaftlichen Objekten, so auch hier jede Forschung auf Versuchen, Messungen und Rechnungen basiren müsse, und dass dieser Weg der reinen Erfahrung, wie sie ihn nannten, der einzige sei, um gegenüber der Mannigfaltigkeit und Gleichzeitigkeit der Bewegungen beim Gehen das Wesentliche vom Unwesentlichen, das Nothwendige vom Zufälligen zu unterscheiden. Weit entfernt, diesen Weg nicht als den exaktesten anzuerkennen da, wo er wirklich gegangen werden kann, ist er doch nicht der einzige und jedenfalls nicht der erste. Denn es ist klar, dass man nur Versuche machen und Messungen vornehmen kann nach einem vorher durchdachten Plan und von einem bestimmten Gesichtspunkte aus und diese sind um so nöthiger, je vielseitiger der zu untersuchende Gegenstand ist.

Die Brüder W e b e r hatten nun allerdings ihren Gesichtspunkt — den der Pendelschwingung — und von diesem aus waren ihre Messungen und Experimente gewiss sehr zweckmässig; allein derselbe war kein durchgreifender und hat sie nicht in die Tiefe der Vorgänge geführt. Wir suchen in ihrem Buche vergebens nach dem, was sein Titel uns ankündigt und die Erklärung der einfachsten Erscheinungen im Sinne der Pendeltheorie erscheint in den meisten Fällen gezwungen und wenig natürlich.

In Anbetracht der schon erwähnten Hindernisse, welche der experimentellen Behandlung im Wege stehen, werden die Bemühungen, neue Gesichtspunkte aufzufinden, von denen aus ein Einblick in die so hoch interessanten Vorgänge ermöglicht wird, immer wieder auf die unmittelbare Beobachtung zurückführen. Anhaltende Aufmerksamkeit und hingebendes Interesse an den Gegenstand werden manche Schwierigkeiten überwinden und die Arbeit nicht so unfruchtbar erscheinen lassen, wie die Br. W e b e r fürchten.

Die Schnelligkeit, mit welcher sich die einzelnen Bewegungsvorgänge bei jedem Schritte abwickeln, wird reichlich wieder kompensirt durch die Aufeinanderfolge zahlreicher Wiederholungen in immer gleichen Zeitabschnitten. So kommt es, dass Jeder, ohne es gerade zu wollen, ein bleibendes Bild von diesen Bewegungen im Allgemeinen in sich aufnimmt und ein besonderes

von den Gehbewegungen der Personen seiner Umgebung, die er öfters zu
beobachten Gelegenheit hat. Als Bestandtheile des Netzes seiner Vorstellungs-
kreise sind jene Bilder innig mit diesen verflochten und jede Veränderung
an denselben kommt ihm als solche sofort zum Bewusstsein. Demgemäss
macht man häufig die Erfahrung, dass Freunden und Bekannten eines
Menschen äusserst geringe Störungen im Gange desselben als etwas ihnen
Verdächtiges in Bezug auf dessen normales Befinden schon längst aufgefallen
sind, bevor der Arzt in einem vorgeschrittenen Stadium die pathologische
Natur derselben zu konstatiren vermag. Dass Erstere ihre Wahrnehmungen
nicht weiter verwerthen können, liegt eben nur daran, dass die Vorstellungs-
kreise, welche durch jene Veränderungen affizirt wurden, wohl in Berührung,
aber in keinem organischen Zusammenhange mit diesen stehen. Letzterer
wird erst dadurch hergestellt, dass jene zufälligen Bilder der Vorstellung,
welche dasjenige vom Gehen umgeben, durch bestimmte aus der Beschäftigung
mit den anatomischen und physiologischen Eigenschaften der Organe der
Gehbewegung hervorgehende ersetzt werden. In dieser Weise vorbereitet,
können wir jedem beliebigen, noch so kleinen, periodisch wiederkehrenden Abschnitt der Zeit, in welcher sich dieses Bild entrollt, unsere besondere Aufmerksamkeit schenken und die Vorgänge während desselben einer isolirten
Beobachtung unterziehen, indem wir uns durch das Auge und die Hand zu
unterrichten suchen, welche Muskeln an dem gerade zu untersuchenden Orte
und der betreffenden Zeit in Thätigkeit sind und in welche Phase der Bewegung das entsprechende Gelenk oder der Knochen zur nämlichen Zeit eingetreten ist.

Zwar- liefert das Resultat einer solchen unmittelbaren Beobachtung kein
so scharf präzisirtes Material, wie es eine jeden Zweifel ausschliessende
experimentelle Erforschung, aber auch nur diese, ergeben würde; und wir
können desshalb dasselbe nicht direkt mathematisch verwerthen.

Allein indem wir unsere Beobachtungen leicht variiren und vervielfältigen,
rasch mit ihnen operiren, Beziehungen und Verbindungen unter den verschiedenartigsten Elementen derselben herstellen können, so dass sie gegenseitig ergänzend, modifizirend und berichtigend aufeinander einwirken, so
gelangen wir endlich dazu, das Charakteristische herauszufinden und das
einzeln Gewonnene wieder zum Ganzen zusammenzufügen.

Und wenn wir dann so zu typischen Bewegungsformen geführt werden,
die wir auch in der Gestaltung der Organe wiederfinden, so kann uns die
Mathematik in unserem Streben wieder behilflich werden, indem sie den Inhalt
dieser Formen analysirt, die Art ihrer Entstehung, ihre Zusammensetzung
und ihre Eigenschaften uns kennen lehrt.

I

„Die Mechanik der menschlichen Gehwerkzeuge" von W. und E. Weber und die Experimente von Carlet und Vierordt.

§ 1.

Im Jahre 1835 machten die Brüder W. und E. Weber die Entdeckung, dass der Luftdruck ausreichend ist, um den Oberschenkelkopf des frei herabhängenden Beins einer menschlichen Leiche in seiner Pfanne am Becken zurückzuhalten, dass das Bein somit, von der Luft getragen, wie ein Pendel frei beweglich schwingen kann.

Ein Jahr darauf erschien ihr bekanntes Werk „die Mechanik der Gehwerkzeuge", in welchem die im Secirsaale gemachte Beobachtung ihre Bestätigung auch beim lebenden Menschen finden sollte.

Mittels einer Reihe von Experimenten und Messungen wurde der Versuch gemacht, das anscheinend Gesetzmässige bei der äusseren Erscheinung der Gehbewegungen auf die Gesetzmässigkeit der Pendelbewegung zurückzuführen.

Der gestellten Aufgabe gemäss richtete sich die Untersuchung zunächst auf die Schwingungen der Beine während des Gehens.

Zu diesem Zweck wurde beim Lebenden die Schwingungsdauer des Beins mit absichtlich erschlaffter Muskulatur gemessen.

Der etwas vorgeneigte, mit den Armen auf einer Unterlage aufruhende Körper stand mit einem Beine etwas erhöht, so dass das andere frei schwingen konnte.

Damit dasselbe eine genügende Anzahl von Schwingungen ausführe, wurde ihm für jede Schwingung ein kleiner Stoss ertheilt. Die aus einer bestimmten Zahl solcher Schwingungen in gegebener Zeit berechnete Schwingungsdauer blieb bei Versuchen, die von derselben Person zu verschiedenen Zeiten mit und ohne Bekleidung angestellt wurden, stets dieselbe.

Nun wurde auch die Schwingungsdauer eines gleich grossen Beins beim Leichnam gemessen und zwar einmal im unverletzten Zustand, dann nach

Durchschneidung sämmtlicher Weichtheile am Hüftgelenk mit Ausnahme der Gelenkkapsel, und endlich diejenige des freihängenden exartikulirten Beins.

Aus der Uebereinstimmung der Dauer sämmtlicher Schwingungen beim todten, wie beim lebenden Bein wurde nun geschlossen, dass bei beiden nur eine und dieselbe Kraft, nämlich die Schwere, die Schwingungen beeinflusse, und dass also das während des Stehens schlaff herabhängende Bein, wenn es den erforderlichen Impuls von aussen erhalte, reine Pendelbewegungen ausführe, welche von den Weichtheilen in der Umgebung des Hüftgelenks, speziell den dasselbe bedeckenden grossen Muskelmassen nicht alterirt würden.

In beiden Fällen sollte die Möglichkeit hiezu durch den Umstand gegeben sein, dass das Bein, durch Luftdruck äquilibrirt, im Hüftgelenk fast ohne alle Reibung sich bewege.

Nachdem so eine konstante Grösse — 0,693 Sekunden — für die Zeit der Pendelschwingung eines lebenden Beins beim Stehen gewonnen war, wurde ihre Beziehung zu den Grössen der Schwingungszeiten desselben Beins beim Gehen mit verschiedenen Geschwindigkeiten aufgesucht und gefunden, dass beim sogen. schnellsten Gehen — der äussersten Grenze nach Weber, welche noch, ohne zu laufen, möglich sei — die Schwingungsdauer ebenso konstant die Hälfte obiger Grösse betrage.

Dieselben Versuche, durch welche dies Verhalten ermittelt wurde, bestimmten auch das Verhältniss der Schwingungsdauer des gehenden Beins zur Schrittdauer.

Unter dieser verstehen die Brüder Weber die Zeit, welche vergeht, bis irgend eine beliebige Stellung des einen Beins beim andern Bein wiederkehrt, während ein Doppelschritt die Zeit der Wiederkehr beim selben Bein umfasst.

Beim schnellsten Gehen, wo die Schwingungsdauer der Dauer einer halben Pendelschwingung gleichkam, ergab sie sich auch als der Schrittdauer gleich.

Damit war die Zeit des gleichzeitigen Aufstehens beider Beine, welche sich beim Gehen zwischen die Schwingungszeiten schiebt, und welche für die reine Pendeltheorie unbequem sein musste, eliminirt, und neben der ununterbrochenen aktiven Thätigkeit des Stützens und Stemmens der Beine verlief eine ebenso kontinuirliche passive Thätigkeit, bei der sich Schwingung an Schwingung reihte und die nun einer gesonderten Untersuchung fähig war.

Die Aufgabe dieser letzteren war jetzt, zu zeigen, dass die Schwingungen unter der alleinigen Herrschaft des Pendelgesetzes stehen.

War dies der Fall, so musste bei Weber's schnellstem Gehen das Bein während seiner jedesmaligen Schwingung entsprechend der halben Schwingungsdauer auch nur den halben Schwingungsbogen durchlaufen, d. h. es musste in senkrechter Stellung angelangt, seine Schwingung durch Aufsetzen auf den Boden unterbrechen.

Nun ergab sich aber aus denselben Versuchen, dass mit zunehmender Geschwindigkeit des Gehens auch die Grösse der einzelnen Schritte wachse und es sollte nun ausserdem dargethan werden, auf welche Weise es geschehe, dass beim geschwindesten Gehen die grössten Schritte zu Stande kommen, obgleich hier nur der kleinste Betrag des ganzen möglichen Schwingungsbogens, nämlich die Hälfte desselben zur Ausführung gelangt. Die Brüder Weber halfen sich jetzt damit, dass sie erklärten, als ganze Schwingungsexkursion beim schnellsten Gehen sei die grösstmögliche Spannweite, deren die Beine fähig seien, aufzufassen und die grösste Schrittlänge sei daher der halben Spannweite gleich.

Bei dieser etwas willkürlichen Annahme hatten sie aber übersehen, dass der Isochrouismus der Pendelschwingungen nur für kleine Ausschlagswinkel gilt und dass bei einer Zunahme desselben bis zur Grösse der möglichen Spannweite beider Beine von einer Unveränderlichkeit des Werthes für die Schwingungsdauer des lebenden Beins um so weniger die Rede sein kann, als auch die dabei eintretende starke Spannung der Weichtheile in der Umgebung des Hüftgelenks die Dauer der Schwingung erheblich beeinflussen müsste.

Wie gross der Ausschlagswinkel bei den Schwingungsversuchen am Leichnam und am lebenden stehenden Menschen gewesen ist, erfahren wir zwar nicht, doch ist anzunehmen, dass er nicht unnöthig gross gewählt wurde, um zu der gewünschten Uebereinstimmung der Schwingungsdauern zu gelangen.

Abstrahiren wir aber von dieser Thatsache und nehmen wir mit den Br. Weber an, die Schwingungsdauer bliebe auch bei so starker Exkursion des menschlichen Beins die gleiche, so war ihnen doch noch zu beweisen übrig, dass das schwingende Bein bei der schnellsten Gangart wirklich nur den halben Schwingungsbogen durchlaufe oder — was dasselbe bedeutet — dass das hintere Bein mit dem vorderen und dem von beiden überspannten Wegstück im Augenblicke des Auftretens ein rechtwinkliges Dreieck bilde.

Zu diesem Behufe machten sie nun Annahmen, welche aus dem Bedürfnisse der reinen Pendeltheorie entsprungen und weder durch Experimente noch Messungen gestützt, mit den Ergebnissen der direkten Beobachtung im Widerspruche stehen.

Die erste Annahme ist die, dass das hintere tragende und vorschiebende Bein sich allmählig in allen Gelenken strecke, so dass es unmittelbar vor Beginn seiner Schwingung um $1/7$ seiner Länge vergrössert, nur noch mit der Zehenspitze den Boden berühre, bevor das andere nach vorn schwingende Bein zum Auftreten gelangt sei.

Zwar hatten die Br. Weber den Betrag der Beinstreckung bei verschiedenen Gehgeschwindigkeiten dadurch gemessen, dass sie einen am vorderen

Sohlenrand des Schuhes befestigten Faden an den äussern Rollhügel des betreffenden Oberschenkels heraufgehen liessen, wo er mit zwei Fingern in mässiger Spannung gehalten wurde.

Wurde nun während des Gehens das Bein gestreckt, so gab das unter dem Finger durchgezogene Stück des Fadens den Betrag der Verlängerung an.

In welcher Phase der Beinbewegung während eines Doppelschrittes die Verlängerung aber eingetreten, ob beim Vorstrecken oder Abstossen des Beins, geht aus den Versuchen nicht hervor.

Die zweite Annahme bezieht sich auf die Schrittlänge, welche durch die Abwicklung des Fusses vom Boden jeweils um die ganze Länge des Fusses vergrössert werde.

Diese Annahme geht aus der erstern hervor, kann aber nur eine Berechtigung haben für das aus den Versuchen abgeleitete, theoretische sogenannte schnellste Gehen, bei dem der vordere Fuss in demselben Augenblick aufgesetzt werden soll, in welchem der hintere seine Abwicklung vom Boden vollendet hat.

In jedem anderen Falle trifft sie nicht zu, wie aus Tab. 21, welche die Dauer des Stehens und Schwingens bei verschiedenen Geschwindigkeiten enthält, hervorgeht, weil das vordere Bein schon vor Vollendung der Abwicklung des hinteren auftritt, nach welchem Auftreten der Schritt durch weiteres Abwickeln nicht mehr vergrössert werden kann.

Aus solchen Fällen setzt sich auch die hier folgende Tab. 12, S. 245 des Weber'schen Werkes zusammen, wo von 10 Gehversuchen, vom langsamsten Gehen in No. 1 bis zum schnellsten in No. 10 die Schrittlängen, Schrittdauern, Beinlängen und Geschwindigkeiten angegeben sind, welche für die spätere Beweisführung benützt werden.

Tab. 12
17 m Länge des Wegs.

No.	Schrittlänge m	Schrittdauer Sek.	Beinlänge m	Geschwindigkeit
1	0,607	0,692	0,930	0,880
2	0,630	0,655	0,930	0,906
3	0,654	0,631	0,942	1,036
4	0,773	0,460	0,954	1,677
5	0,809	0,457	0,954	1,767
6	0,809	0,433	0,942	1,873
7	0,850	0,425	0,950	2,005
8	0,850	0,390	0,952	2,185
9	0,850	0,390	0,961	2.180
10	0,850	0,380	0,956	2,237

Aus der oben erwähnten, dieser ähnlichen Tab. 21, S. 266, welche der leichteren vergleichenden Uebersicht wegen in anderer Ordnung hier folgt, als im Weber'schen Werke,

Tab. 21.

No.	Schrittlänge m	Schrittdauer Sek.	Geschwindigkeit	Dauer d. Stehens Sck.	Dauer d. Schwingens Sck.
1	0.790	0,344	2,30	0,341	0,347
2	0,804	0,376	2,14	0,400	0,352
3	0,755	0,429	1,76	0,484	0,374
4	0,657	0,523	1,27	0,570	0,476
5	0,659	0,742	0,89	0,817	0,667

schliessen die Br. Weber, „dass die Zeit, wo das Bein schwingt, beim schnellsten Gehen am kleinsten und zwar der halben Schwingungsdauer des Beins gleich ist, dass sie aber desto mehr wachse, je langsamer man geht, dass folglich auch die Abtheilung, welche das schwingende Bein von seinem ganzen Schwingungsbogen zurücklegt, die Hälfte des ganzen Schwingungsbogens desto mehr übersteige, je langsamer man geht."

Demnach tritt das vordere Bein in den ersten neun Versuchen der Tab. 12 nicht senkrecht auf und es kann von einem rechtwinkligen Dreieck im Momente des Auftretens keine Rede sein.

Dessenungeachtet basiren die Verfasser die Berechnung der Höhe des vorderen Beins im Augenblicke des Auftretens auf die Voraussetzung, dass das vordere Bein, selbst beim langsamsten Gehen in No. 1 senkrecht auftrete und in diesem Augenblicke mit der Schrittlänge und dem hinteren Beine ein rechtwinkliges Dreieck bilde.

Die gefundenen grössten Beinlängen wurden dem hinteren, eben abstossenden Bein zugetheilt und bildeten die Hypothenusen; die Schrittlängen, von denen sämmtlich 240 Millimeter Fusslänge abgezogen wurde, als hätte sich bei allen der hintere Fuss vor dem Auftreten des vorderen vollständig abgewickelt und auf die äusserste Zehenspitze gestellt, galten als die eine Kathete, und die zweite Kathete, die Höhe des auftretenden Beins, wurde mit Hilfe des pythagor. Lehrsatzes aus den beiden ersteren Grössen entwickelt. Das Ergebniss für alle zehn Fälle wurde in einer besonderen Tabelle § 97 des Weber'schen Werkes zusammengestellt und die Richtigkeit des ganzen Verfahrens sollte direkt aus folgendem Versuche hervorgehen.

Für eine Schrittlänge von 730 mm wurde die Rumpfsenkung in der Weise bestimmt, dass der Gehende einen Maassstab an den grossen Rollhügel des Oberschenkels fest angedrückt hielt, so dass in seinem Rücken der Beobachter mit Hilfe eines Fernrohrs, in welchem ein Fadenkreuz angebracht war, den Umfang der Senkung und Hebung an der Scala des Maassstabes ablesen konnte.

Dieser betrug beim Auftreten mit dem ganzen Fusse unter zwei Versuchen mit Schritten von 730 mm Länge im Mittel 31,7 mm.

Hiezu wurde nun der Betrag gerechnet, um welchen der grosse Rollhügel beim Stehen höher war, als bei der grössten Erhebung während des Gehens, und welcher 25 mm gross gefunden wurde.

Die ganze Senkung bei Schritten von 730 mm Länge betrug somit 56 mm.

56 mm Rumpfsenkung wurden also von der Länge des Beins, welches dasselbe beim aufrechten Stehen hat, abgezogen und die erhaltene Grösse als direkt durch den Versuch gefundene Höhe des vorderen Beins bei Schritten von 730 mm Länge bezeichnet — „um diese Grösse ist daher das vordere Bein, welches in diesem Augenblicke senkrecht unter den Rumpf zu stehen kommt, verkürzt, im Vergleiche zu der Länge, welche es beim aufrechten Stehen hat", — folgern die Brüder Weber, obgleich die Versuche nichts darüber enthalten, in welchem Zeitmoment des Schrittes, resp. bei welcher Stellung des vorderen Beins die Senkung eintritt und obgleich bei Schritten von 730 mm Länge das vordere Bein nach ihren eigenen Angaben nicht senkrecht auftritt, sondern über die vertikale Lage hinauspendelt. Ausserdem hätte wohl der Leser erwartet, dass die Messung der Rumpfsenkung und — Hebung an irgend einer Stelle des Rumpfes gemacht worden wäre, was mit derselben Leichtigkeit und mehr Zuverlässigkeit hätte geschehen können, als am grossen Rollhügel des Oberschenkels, der sich in Folge der starken Beckenbewegungen ganz anders und ausgiebiger bewegt als der Rumpf.

Die angeblich aus dem Versuche gefundene Höhe des vorderen Beins bei Schritten von 730 mm Länge wurde nun mit den in der Tabelle § 97 enthaltenen, durch Rechnung gefundenen Grössen verglichen, wobei es sich zeigte, dass sie ungefähr dem auf die Tabelle basirten Schätzungswerthe entspreche.

Es ist hier aber zu betonen, dass nur dasjenige rechtwinklige Dreieck für die Beweisführung der ausschliesslichen Abhängigkeit der Beinschwingung von der Schwerkraft verwerthet werden kann, welches durch senkrechtes Aufsetzen des schwingenden Beins zu Stande kommt, weil mit dem Augenblicke seines Entstehens die Beinschwingung beendet sein muss, wenn die zeitlichen Verhältnisse derselben in dem rechtwinkligen Dreieck ihren räumlichen Ausdruck finden sollen. Fehlt diese Coincidenz der Bildung eines rechtwinkligen Dreiecks mit dem Ende der Schwingung, wie bei allen Gangarten, mit Ausnahme des Weber'schen sogenannten schnellsten Gehens, so ist das Hereinziehen eines etwa nach geschehenem Auftreten entstehenden rechtwinkligen Dreiecks in die Beweisführung nicht mehr zulässig.

Diese kann sich also nur auf das sogenannte „schnellste Gehen" beziehen und letzteres allein muss die Werthe für die Rechnung liefern.

Wenn sich demnach die Br. Weber die nöthigen Werthe aus anderen Gangarten der Versuchsreihe in passender Weise auswählten und für jede Art von Gehen, auch für die langsamste bewiesen, was nur für ihr schnellstes Gehen möglich war, so haben sie damit auch den Werth der Beweisführung selbst angegeben.

§ 2.

Nachdem wir so das Unlogische des Weber'schen Beweisverfahrens hervorgehoben, gehen wir auf den ihm zu Grunde liegenden Hauptversuch ein, durch welchen sie die Zeit fanden, während welcher das Bein schwingt und dessen Resultat die obige Tab. 21 enthält.

Der Versuch wurde in folgender Weise angestellt:

Eine Tertienuhr wurde so in den Fussboden eingelassen, dass ihr Stift, durch dessen Niederdrücken der Gang der Uhr ausgelöst wurde, noch eben hervorragte. Ueber ihn wurde ein längeres leichtes Brett gelegt, auf welches der Gehende einmal auftrat, während er die 43,43 Meter lange Bahn durchschritt.

Hierbei drückte er den Stift nieder und die Uhr ging so lange, „bis der Fuss wieder aufgehoben wurde".

Der Stand der Uhr vor und nach dem Versuch sollte also die Zeit angeben, während welcher der Fuss aufstand, und weil das Bein während eines Doppelschrittes abwechselnd einmal steht und einmal schwingt, und die Zeit eines Doppelschrittes aus der Zahl der Schritte und der Dauer des Versuchs zu berechnen war, so war mit der Zeit des Aufstehens auch deren Ergänzung zur Zeit des Doppelschrittes, d. h. die Schwingungsdauer des Beins gefunden.

Tab. 21 stellt das Ergebniss von fünf Versuchen zusammen, welche mit verschiedener Gehgeschwindigkeit angestellt wurden.

Konnte nun der Stift der Tertienuhr allein das Brett heben, das doch immerhin eine für das Auftreten angemessene Stärke haben musste; oder war, wie wohl aus der dem Weber'schen Werke beigefügten Zeichnung Fig. 21 zu entnehmen ist, noch eine Feder zur Hebung des Brettes auf dem Boden angebracht, so wird in beiden Fällen die bei so prompter Arbeit zur Geltung gekommene Federkraft nicht gerade eben ausgereicht haben, um das Brett zu heben, sondern wird im Stande gewesen sein, noch etwas darüber zu leisten.

Bedenkt man nun, dass mit der allmähligen Abwicklung des hinteren Fusses beim gewöhnlichen Gehen die Kraft, mit welcher er gegen den Boden stemmt, in demselben Masse abnimmt, als der vordere Fuss die Körperlast aufnimmt, so dass sie schliesslich unmittelbar vor dem Aufheben auf Null heruntersinkt, so wird man wohl annehmen dürfen, dass das Brett schon gehoben wurde, bevor die Fussspitze den Boden verlassen hatte, dass also die Zeit des Aufstehens im Versuch kürzer ausgefallen ist, als sie in Wirklichkeit beträgt.

Wenn man beim Gehen mit verschiedener Geschwindigkeit bei sich selbst und Anderen auf die Beinschwingung achtet, so wird man nicht finden, dass sie bei schnellerem Gehen relativ langsamer ausfalle. Der Rhythmus der einzelnen Abschnitte der Beinthätigkeit bleibt im Gegentheil bei schnellem, wie bei langsamem Gehen der gleiche. Theilt man die Dauer eines Doppelschrittes durch taktmässiges Zählen in vier gleiche Zeitabschnitte und beginnt beim Aufsetzen der Ferse des vorschreitenden Fusses mit eins, so steht von eins bis zwei der Körper auf beiden Beinen; der vordere Fuss tritt herunter auf die ganze Sohlenfläche, der hintere wickelt sich vom Boden ab.

Von zwei bis drei steht der Körper auf dem vorderen Fuss allein und in derselben Zeit schwingt der hintere Fuss nach vorn und setzt seine Ferse mit drei auf.

Von drei bis vier stehen wieder beide Beine auf, das eben aufgetretene senkt seinen Fuss auf den Boden herab, das andere jetzt hintere Bein hebt ihn auf die Zehenspitze und von vier bis eins nach vorn schwingend, setzt es mit eins seine Ferse wieder auf den Boden auf.

Dieses Zeitverhältniss der Schwingung des Beins zu seinem Aufstehen, wie 1 : 3, wird durch den Grad der Schnelligkeit des Gehens nicht abgeändert und bleibt auch das gleiche in dem Falle, wo zum Zwecke absichtlicher Vergrösserung der Schritte die Ferse des aufstehenden Fusses schon etwas gehoben wird, bevor das schwingende Bein auftritt.

Das Stadium des Abwickelns dauert hier eben um so viel länger, als durch den früheren Beginn desselben dasjenige des vollen Aufstehens auf der ganzen Fusssohle abgekürzt wird.

Die in Taf. II dargestellte Gangart giebt dies Verhältniss scheinbar nahezu wie 1 : 2 an.

Es rührt dies daher, dass eben der Rumpf sich während des Gehens nicht mit gleichmässiger Geschwindigkeit fortbewegt; dass mithin die räumlichen Distanzen sich mit den zeitlichen nicht decken und dass diese Differenz mit der Schnelligkeit der Gangart zunimmt.

Berechnet man die Dauer des Stehens und Schwingens in der Weber'schen Tab. 21 nach dem eben angeführten Zeitverhältniss = 1 : 3, so ergiebt sich die in letzter Rubrik stehende Differenz

No.	Schrittdauer	Dauer d. Stehens		Dauer des Schwingens		Differenz
1	0,742	1,113 n. W.	0,817	0,371 n. W.	0,667	0,296
2	0,523	0,785 „	0,570	0,261 „	0,476	0,215
3	0,429	0,644 „	0,484	0,214 „	0,374	0,160
4	0,376	0,564 „	0,400	0,188 „	0,352	0,164
5	0,344	0,516 „	0,341	0,172 „	0,347	0,175

Demnach würde der durch die frühere Unterbrechung des Stadiums des Aufstehens bei den Versuchen entstandene Fehler etwa $1/5$ Sekunde betragen.

Ungefähr eben so gross ist die Abweichung in den Resultaten, welche in neuester Zeit H. Vierordt (*H. Vierordt, das Gehen des Menschen in gesunden und kranken Zuständen, Tübingen 1881*) mit Hilfe seines elektrischen Schuhes erhalten hat. Die Registrirung der Dauer des Aufstehens und Schwingens während des Ganges geschah durch Elektrizität in sehr prompter Weise; aber die Fehlerquelle, welche wir bei den Weber'schen Versuchen vermuthen, war hier in der That vorhanden und wird uns genau mitgetheilt. Unter der Sohlenfläche des Schuhes befand sich, sowohl unter dem Ballen und den Zehen, als hinten unter der Ferse, je eine Ebonitplatte, die durch Messingfedern von der Sohle abgedrängt gehalten wurde. Die Leitung im Schuh wurde erst durch das Andrücken der Platte an die Sohle mittels des Körpergewichts beim Aufstehen hergestellt. Das Niederdrücken der hinteren Platte erforderte ein Gewicht von 250—300 gr, das der vorderen ein solches von 200 gr.

Da ausserdem mit der Streckung des Fussgelenks und der Hebung des Fusses auf seine Zehenspitze die Kraft, mit der diese auf den Boden drückt, in immer schiefere Richtung zur Stellung der Feder gelangt, so wird diese letztere die Leitung durch Wegdrängen der Sohle schon unterbrechen, bevor erstere auf 200 gr gesunken ist.

Um diesen Zeittheil, sammt demjenigen, den die stemmende Kraft des hintern Beins braucht, um von 200 gr auf 0 gr herabzusinken, wird mithin die Dauer des Stehens zu klein und diejenige des Schwingens zu gross ausfallen.

Die Differenz beträgt, wie oben bemerkt, durchschnittlich etwa $1/5$ Sekunde.

Etwas grösser ist sie bei den Experimenten ausgefallen, welche Carlet (*essai experimental sur la locomotion humaine. Annal. des sciences natur. Zoologie XVI Paris 1872 Art. No. 6*) mit Hilfe der Marey'schen selbstregistrirenden Apparate anstellte. Der Gehende trat dabei auf einen elastischen an der Fusssohle befestigten Luftbehälter, welcher aus zwei getrennten Kammern für den vordern und hintern Theil des Fusses bestand, deren jede durch einen Kautschukschlauch mit der Luft in der Trommel eines M a r c y'schen Kardiographen in Verbindung stand, so dass dessen Hebel durch Einpressen der Luft in die Trommel gehoben wurde, solange der Luftbehälter beim Aufstehen zusammengedrückt war und wieder sank, wenn der entsprechende Theil des Fusses sich vom Boden löste.

Die Bewegungen des Hebels wurden auf einen berussten Cylinder aufgetragen, welcher im Centrum der zu durchschreitenden, 6 Meter im Durchmesser haltenden Kreisbahn auf einer Rotationsachse befestigt war. Diese wurde vom Gehenden selbst in Bewegung gesetzt durch einen horizontal von ihr auslaufenden Arm von 3 Meter Länge, dessen Ende er vor sich herschieben musste.

Die auf den Cylinder notirten Kurven und die sie verbindenden geraden horizontalen Linien gaben das Verhältniss der Dauer des Aufstehens und Schwingens des Beins wieder.

Bei diesen Versuchen wirkt die Elastizität der dicken Kautschukwände des Luftbehälters ähnlich wie oben die Feder und lässt wohl die Luft früher eintreten, als die Fussspitze den Boden verlässt, so dass die auf das Kymographion verzeichneten Schwingungskurven zu gross ausfallen.

Es ist klar, dass die Grösse dieses Fehlers, welche einem durch den angewendeten Versuchsapparat genau bestimmten Abschnitt der Dauer des Aufstehens gleichkommt, mit der Schrittdauer zu- und abnehmen wird, und so sehen wir auch die Differenz von 0,296 Sekunden beim langsamen Gehen bis zu 0,175 Sekunden beim schnellsten Gehen kleiner werden. Doch ist sie hier gerade noch so gross, um eine Gleichheit zwischen Schwingungsdauer und Dauer des Aufstehens herbeizuführen.

Wollte man etwa den oben ausgesprochenen Satz, dass die stemmende Kraft des abstossenden Beins allmählig auf Null herabsinke, dem Weber'schen Beweisverfahren gegenüber nicht zulassen, weil wir ihn nicht bewiesen haben, so würden uns die Brüder W e b e r selbst aus der Verlegenheit helfen. Im mathematischen Theil ihrer Pendeltheorie, § 127, beweisen sie, dass, während der Körper auf beiden Beinen steht, blos die Streckkraft des vordern Beins auf ihn wirke, und dass diese ihrer schiefen Richtung von vorn nach hinten entsprechend den Körper retardire.

Fällt nun in dieser Zeit die Streckkraft des hintern Beins auf den Körper weg, so ist auch die Kraft, mit welcher dasselbe gegen den Boden stemmt, gleich Null, denn die Schwere des Beins selbst kann hier nicht in Betracht kommen, da dieses nach den Brüder W e b e r durch Luftdruck im Hüftgelenk äquilibrirt ist.

Die Dauer des Aufstehens wird daher in Folge der alsdann eintretenden Hebung des Stiftes der Terticuuhr um den ganzen Zeitabschnitt des doppelten Aufstehens zu kurz verzeichnet. Ein solcher Zeitabschnitt ist aber in neun Fällen der Tab. 12 vorhanden und in vier Fällen der Tab. 21, auf welche die ganze Beweisführung der Weber'schen Pendeltheorie gegründet ist.

§ 3.

Gesetzt aber, es wäre den Brüdern Weber gelungen, den Mangel jeder Muskelaktion im schwingenden Bein aus der Uebereinstimmung seiner Bewegung mit den Gesetzen der Pendelschwingung abzuleiten, so läuft ja selbst bei ihrem „schnellsten" Gehen neben dem vermeintlich passiven Vorgang im einen Bein eine ununterbrochene aktive Thätigkeit im andern Bein einher, die unter der unmittelbaren Herrschaft des Willens stehend, die Dauer jener passiven Schwingung und die Grösse des Schwingungsbogens bei jedem Schritt bestimmt. Denn das frühere oder spätere Niedersetzen des schwingenden Fusses geschieht nach den Brüdern Weber durch das frühere oder spätere Aufhören des Stemmens von Seite des hinteren Beins, ist also ein aktiver Vorgang. Von diesem, resp. von der Muskelaktion im stemmenden Bein würde es also, auch nach den Ausführungen der Brüder Weber, abhängen, ob während des Gehens die Grösse und Dauer der Pendelexkursionen, d. h. der Schritte konstant bleiben, würde also die Regelmässigkeit abhängen, von der die Verfasser S. 252 behaupten, dass sie nicht möglich wäre, wenn sie durch Muskelaktion bedingt würde.

Im mathematischen Theil wird dem Bein ein einfaches Pendel substituirt, dessen Länge durch den Schwerpunkt des Beins bestimmt, und in dessen Aufhängepunkt der Schwerpunkt des Körpers verlegt wird. Die hierdurch vereinfachte Rechnung wird noch weiter reduzirt durch Verwerthung der im experimentellen Theil gemachten Voraussetzungen und erhaltenen Resultate. So wurde die Bewegung dieser beiden Punkte auf eine einzige Vertikal-Ebene beschränkt und angenommen, dass der Schwerpunkt des Körpers unter Beibehaltung seiner relativen Lage immer horizontal und mit gleichförmiger Geschwindigkeit sich fortbewege; dass auf den Schwerpunkt des Beins nur die Schwere von aussen wirke, dass, während der Körper auf beiden Beinen stehe, nur die Streckkraft des vordern Beins auf ihn wirke u. s. w.

Im Uebrigen wird von der Dehnbarkeit des dabei in Betracht gezogenen Materials ein sehr ausgiebiger Gebrauch gemacht und Alles wieder aus der Rechnung heraus entwickelt, was zuvor in Uebereinstimmung mit dem physiologischen Theil in sie hineingelegt wurde.

Nach ihren Resultaten und den daraus abgeleiteten Regeln und Gesetzen wurden nun Zeichnungen konstruirt, welche die Stellungen der Beine beim

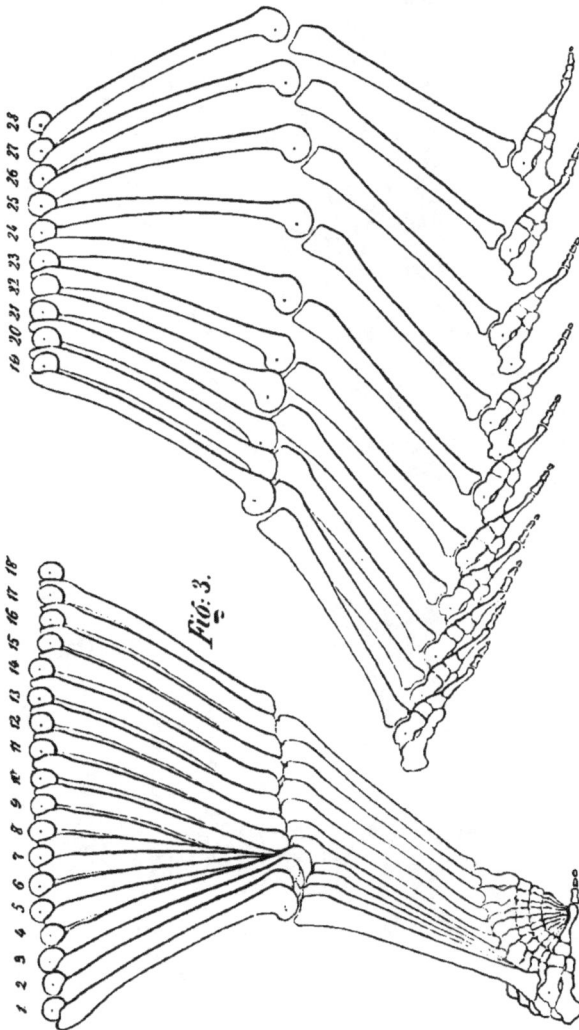

Fig. 3.

28 Lagen, „die ein- und dasselbe Bein successive in zwei aufeinanderfolgenden Schritten erhält" (nach Weber).

Gehen veranschaulicheen sollten. Wir lassen die wichtigsten davon hier folgen und überlassen dem Leser das Urtheil über ihre Naturwahrheit.

2*

Fig. 13a.

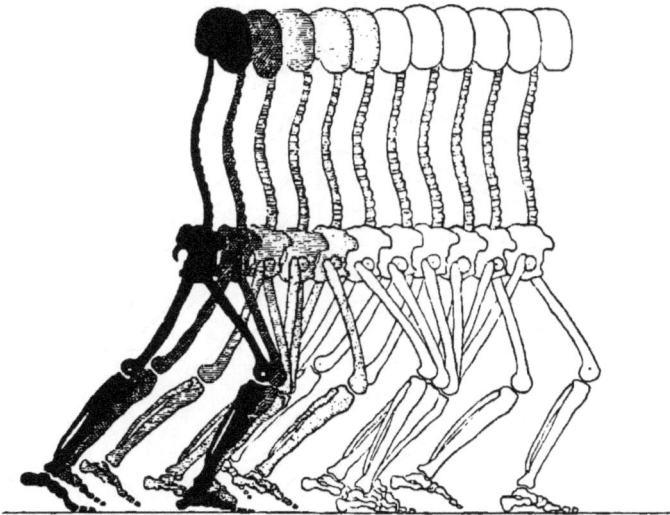

Langsamer Gang auf dem Ballen (nach Weber).

Fig. 12.

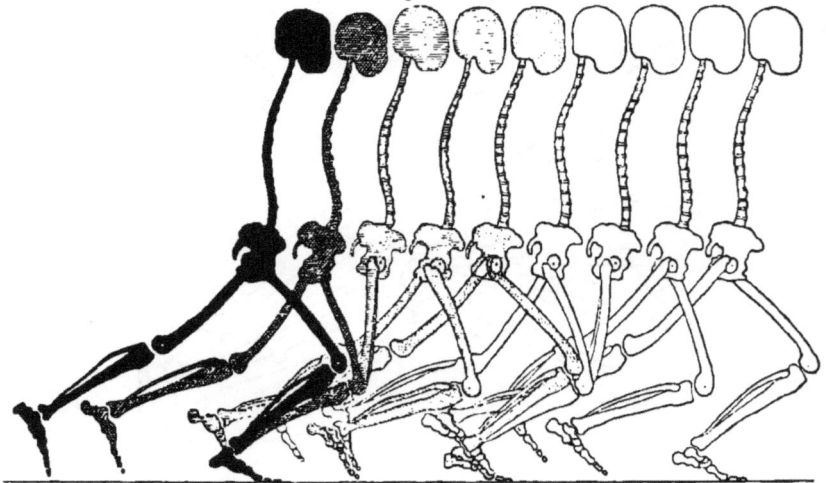

Schnellster Gang auf dem Ballen (nach Weber).

§ 4.

Dass eine richtige bildliche Darstellung der natürlichen Bewegungen der Beine während des Gehens die Antwort auf sämmtliche im Weber'schen Werke behandelte Fragen, sowie auf viele andere auf den Mechanismus der Gehwerkzeuge bezügliche in sich enthalten würde, hatten die Brüder Weber wohl erkannt; allein sie erklärten es für unmöglich, durch einfache Beobachtung des Naturvorgangs hiezu zu gelangen, denn „die Lage der verschiedenen Theile des Körpers wechsle beim Gehen und Laufen zu schnell, als dass sie sich in einem einzelnen Augenblick den Sinnen und dem Gedächtnisse vollständig einprägen könnte, und man bedürfe zu ihrer Auffassung gewisser Instrumente und indirekter Methoden . . . . . " und an einer anderen Stelle: „Zur Grundlage einer Theorie des Gehens und Laufens werden Messungen erfordert . . . . . durch sie wird es allein möglich, klare und deutliche Begriffe vom Gehen zu begründen; denn sie bilden die auf Erfahrung beruhende Grundlage und den Prüfstein jeder Lehre vom Gehen."

Die Schwierigkeit, auf diesem indirekten Wege zu einer Darstellung der Gehbewegungen zu gelangen, welche mit der Naturbeobachtung übereinstimmt, mag wohl der Grund davon sein, dass die Weber'sche Lehre sich bis auf den heutigen Tag in ihrem ganzen Umfang erhalten hat und jetzt noch allen auf den Gehmechanismus sich beziehenden wissenschaftlichen und praktischen Untersuchungen zur Basis dient.

Zwar hat man in stiller Würdigung des Umstandes, dass auch umgekehrt die direkte Beobachtung den Prüfstein für die Richtigkeit der Weber'schen Versuche und der aus ihnen abgeleiteten Theorien abgeben dürfte, letztere mehrfach angegriffen, und besonders suchten spätere Forscher die Muskelaktion im schwingenden Bein, welche man vor Weber für selbstverständlich hielt, · wieder zur Geltung zu bringen. Da es aber an einer allgemeinen Regel für die Muskelaktion beim Gehen fehlte und diese im Speziellen durch das Experiment nur vereinzelt nachzuweisen war, so begnügte man sich mit der Annahme der Möglichkeit einer theilweisen eventuellen Mitwirkung von Seite der Muskulatur.

Den empfindlichsten Stoss erhielt die Weber'sche Lehre durch Duchenne, *(Physiologie des mouvements. Paris 1871)*, welcher gegen dieselbe die pathologische Thatsache geltend machte, dass bei Lähmung der Oberschenkelbeuger ein Vorschreiten des Beins absolut unmöglich sei und dass trotz der grössten Anstrengung der Fuss den Boden nicht verlassen könne; dass ferner die Lähmung der Knie- und diejenige der Fussbeuger die Beinschwingung ganz beträchtlich alterire. Doch suchte man auch diese Thatsache mit der Weber'-schen Theorie in Einklang zu bringen, indem man den Muskeln nur die Aufgabe einer geringen Anfangsbeschleunigung oder auch einer ab- und adduktorischen Nebenwirkung während der Beinschwingung zuwies, deren Hauptbewegung sich doch unter dem alleinigen Einfluss der Schwere vollziehe.

Auch die Wiederholung der Weber'schen Experimente und Versuche, besonders des Hauptversuchs in Tab. 21 mit verbesserten Methoden und Apparaten von Seiten Carlet's und Vierordt's dienten, da im Ganzen ähnliche Resultate erzielt wurden, eher dazu, die Weber'sche Lehre zu stützen.

Diese beiden Forscher haben aber auch versucht, mit Hilfe von sinnreichen Apparaten die Bewegungen des Körpers und der Beine beim Gehen direkt zu registriren.

Die Untersuchungen Carlet's wurden in der Manège zugleich mit den oben erwähnten Versuchen über das Verhältniss der Schwingungsdauer zur Dauer des Aufstehens eines Beins angestellt.

Die von den beiden „tambours enregistreurs" des Registrirapparates abgehenden Caoutschukschläuche mündeten jetzt in zwei „tambours explorateurs", welche am äusseren Ende des drei Meter langen Armes angebracht waren, den der Gehende vor sich herzuschieben hatte.

Ein vertikaler Hebel theilte der einen, ein horizontaler der andern Trommel mittels exakter Uebertragung die Bewegungen mit, welche die Spitze eines Stabes von einem leicht auffindbaren Knochenpunkt des Körpers während des Gehens empfing, und über welchen sie durch Einsenken in die Kleidung fixirt wurde.

Es wurden auf diese Weise die horizontalen und vertikalen Schwankungen der Schamfuge und des grossen Rollhügels vom Oberschenkel registrirt. Auf die Resultate dieser Untersuchungen, sowie auf diejenigen über die Rumpfneigung werden wir später zurückkommen.

Was die nicht registrirten Bewegungen der Beine anlangt, so schliesst sich Carlet vollständig den Br. Weber an.

Nach ihm ist das Knie beim Aufsetzen gestreckt oder leicht gebeugt; die Beugung nehme anfangs zu, gehe aber gleich darauf in Streckung des Knie's über, welche beim Aufheben der Ferse vom Boden den höchsten Grad rreiche.

Das Bein verlängere sich hierauf noch weiter durch Streckung des Fussgelenks und der Mittelfusszehengelenke, und schiebe durch diese Verlängerung den Körper nach vorn.

Vierordt hat mit Hilfe seiner von ihm sogen. Spritzmethode die Bewegungen der Beine und des Rumpfes direkt registrirt.

Die Versuchsperson ging auf einem einen Meter breiten und neun Meter langen Papierstreifen und hatte zur Seite in horizontaler Entfernung von 200 mm eine vertikal stehende Papierwand von ein Meter Höhe.

An einer seitlich an der Fersenkappe des Schuhes befestigten Messingröhre befand sich ein vertikales und ein horizontales Ausflussröhrchen.

Die Messingröhre stand durch einen dünnen elastischen Schlauch mit einem Reservoir in Verbindung, das der Gehende auf dem Rücken trug und welches farbige Flüssigkeit enthielt.

Der Strahl des vertikalen Röhrchens projizirte die Pendelung des Beins auf das Papier, auf dem die Versuchsperson ging, derjenige des horizontalen projicirte die Hebung und Senkung der Ferse und ihre Bewegungen während des Schwingens auf die vertikale Papierwand.

Ebensolche horizontale Ausflussröhrchen befanden sich am obern und untern Ende von Schienen, welche an der äussern Seite des Ober- und Unterschenkels befestigt waren. Ein gleiches war in der Weichengegend angebracht und verzeichnete die Vertikalschwankungen des Rumpfes; ein anderes durch einen Lendengürtel getragenes und nach hinten gerichtetes sandte seinen Strahl auf den Boden und markirte die Horizontalschwankungen des Rumpfes, während ein Röhrchen oberhalb des Handgelenks die Pendelung der Arme auftrug.

Alle oberhalb des Unterschenkels angebrachten Röhrchen wurden aus einem Reservoir gespeist, welches der Gehende auf dem Kopfe trug.

Die fortwährende Aenderung der Richtung der Ausflussröhrchen in Folge der Drehungen der Beine und des Körpers während des Gehens und ihr Einfluss auf die Eigenbewegungen der ausströmenden Flüssigkeit kompliziren aber die Bedingungen, unter welchen die Spritzfiguren zu Stande kommen, in sehr erheblichem Grade und Verfasser hat in seiner Kritik der Technicismen selbst auf die Schwierigkeiten hingewiesen, welche die Deutung derselben bieten muss.

Anstatt desshalb die Bewegungen der Beine aus den Spritzfiguren herauszu entwickeln, versucht er nur eine erklärende Beschreibung dieser letzteren an der Hand des Weber'schen Textes zu geben und findet schliesslich im Grossen und Ganzen eine Uebereinstimmung zwischen denselben und den Weber'schen Zeichnungen, spez. mit der eben reproduzirten Fig. 3 Taf. XII.

Wie sehr sich der Verfasser durch letztere hat leiten lassen, geht aus der Anmerkung S. 53 hervor, wo er sagt: „in ähnlicher Weise sind auch andere, anscheinend paradoxe Zeichnungen einfach aufzulösen, wenn man bei Deutung der Kurven die jeweilige Stellung der Extremität in Rechnung zieht." Diese möchte man ja eben erst aus den Kurven erfahren!

Die Projektion der Beinschwingung auf die horizontal liegenden Papierstreifen verzeichnet bei verschiedenen Versuchen zweierlei Kurven. Bei den einen ist die erste Hälfte nach aussen konkav, die zweite konvex; bei den anderen ist die ganze Linie nach aussen konvex.

Welcher kombinirten ¬oder Detailbewegung des Beins die Kurven ihre Form verdanken, und woher ihre Verschiedenheit stammt, lässt sich denselben nicht absehen, und muss es auch der Verfasser unentschieden lassen, ob sie auf Schwankungen des Beckens, auf Bewegungen des Knie's oder des Fusses während des Abwickelns oder auf eine Kombination derselben zurückzuführen seien.

Eine direkte Bestätigung der Weber'schen Theorie findet Vierordt in den Kurven der Vertikalprojektion. Er legt dabei ein besonderes Gewicht auf die kleinen mit k bezeichneten vertikalen Striche, weil sie eine Zeitmarke für die Retardation der Bewegung des Knie's nach vorn abgeben. Verfasser glaubt, „dass sie dem Stadium entsprechen, — „„wo das Bein absolut gestreckt zu stützen beginnt, zuerst noch nach hinten geneigt ist, dann die vertikale Stellung einnimmt und zuletzt das Stemmen besorgt"" — weil in dieser Phase des Gehens die dem Knie benachbarten Theile nur langsam bewegt würden, wodurch relativ viel Färbeflüssigkeit auf eine und dieselbe Stelle projizirt werde, die dann den senkrechten Strichen k entsprechend vom Papier herabtriefe."

Nach den Weber'schen Zeichnungen bleibt allerdings das Knie während dieser ganzen Zeit fast auf derselben Stelle stehen. Diese Zeit umfasst aber das ganze Stadium des Aufstehens des Beins, welches bei der hier eingehaltenen langsamen Gangart selbst nach Weber (s. Mechan. d. Gehw. S. 40) doppelt so lange dauert, als dasjenige des Schwingens.

Während dieser Zeit würde also doppelt so viel Flüssigkeit auf dieselbe Stelle hingespritzt, als auf die ganze Strecke, welche zwischen den mit k bezeichneten Kurventheilchen liegt, so dass die Abtriefung eine viel reichlichere sein müsste, als sie bei k wirklich gewesen ist. S. Fig. 1, welche der Fig. 6 Taf. II bei Vierordt entnommen ist.

Fig. 1.

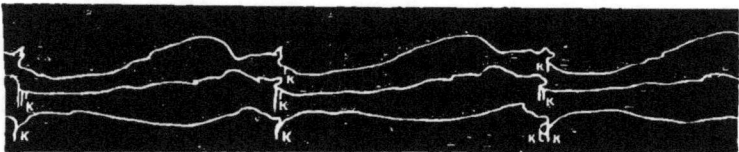

Die Zeichnung widerspricht also ganz entschieden der Weber'schen Theorie. Eher liesse sich dieselbe mit der von uns weiter unten geschilderten

Gangart nach einwärts in Einklang bringen, wo durch das Strecken des Knie's nach dem Auftreten ein kurz dauerndes Stehenbleiben desselben veranlasst wird. Dabei mag dann auch das zuweilen ruckweise Strecken, das „Durchdrücken der Waden" nach Vierordt, den eigenthümlichen hakenartigen Vorsprung vor der k Linie bedingen.

Wenn der Verfasser ausserdem noch findet, dass die Schwingung, sowie das Niedersetzen des Beins in den Kurven angedeutet sei, so wird er wohl, selbst bei Voraussetzung einer richtigen Deutung der Figur, in der einfachen Bestätigung dieser Thatsachen durch die Kurven noch keine Bestätigung der Weber'schen Theorie erblicken, da keine andere Theorie leugnen wird, dass das Bein schwingt und nach dem Schwingen wieder auftritt.

§ 5.

Die Weber'sche Pendeltheorie hat also auch insofern keine Stütze erhalten, als die Richtigkeit der aus ihr abgeleiteten Gehfiguren aus dem direkten Experiment hervorgegangen wäre.

Sie verdankte ihre Entstehung der an der Leiche gemachten Entdeckung der Acquilibrirung des Beins im Hüftgelenk durch Luftdruck.

Beim lebenden Menschen steht aber der Gelenkkopf unter dem Drucke der Gelenkflüssigkeit, und diese hängt wieder vom Blutdrucke ab, welcher dem Drucke der atmosphärischen Luft das Gleichgewicht hält. Luftdruck und hydrostatischer Druck im Gelenk heben sich mithin beim Lebenden auf und das Bein kann nur durch Bänder und Muskeln im Hüftgelenk festgehalten werden.

A. Fick, welcher dieses Raisonnement im neuesten Handbuche der Physiologie von L. Hermann, spez. Bewegungslehre S. 274 näher ausführt, sucht zwar dem Luftdrucke seine Bedeutung für den Zusammenhalt des Gelenks zu retten.

Nach ihm erlaubt die Gelenkkapsel ventilartig das Entweichen von Flüssigkeit nach aussen, hindert aber das Eindringen derselben; demnach könnte „der hydrostatische Druck im Gelenk-Innern unter den Druck der Gewebsflüssigkeiten, resp. den Luftdruck sinken, nicht aber über dessen Werth hinaussteigen". Doch wird die Differenz aus leicht begreiflichen Gründen nie so erheblich werden, dass ähnliche Verhältnisse wie bei der Leiche herbeigeführt werden.

Wir müssen desshalb nach dem, was wir bisher über die Weber'sche Theorie und ihre Beweisführung geltend gemacht haben, annehmen, dass von ihr nur soviel übrig bleibt, als sich bei einfacher Betrachtung der beim Gehen vorhandenen mechanischen Verhältnisse von selbst ergibt.

Zweifellos wird neben der Muskelwirkung die Schwere der Beine auf ihre vertikalen Drehungen in den Gelenken ihren Einfluss ausüben; und zwar sowohl beim frei schwingenden Bein, wo der Drehpunkt oben, als beim aufstehenden, wo er sich unten befindet.

In Folge dieses Einflusses werden beim stehenden Bein so gut wie beim schwingenden die Bewegungen bei gleicher Muskelarbeit langsamer ausfallen, je länger es ist; und Leute mit kurzen Beinen werden demnach im Allgemeinen schnellere Schritte machen, als solche mit langen Beinen.

Allein neben der konstanten Grösse der Schwerkraft ist die sie stets begleitende Grösse der Muskelarbeit so veränderlich, dass in jedem einzelnen Falle die durch die Schwerkraft bedingten Unterschiede vergrössert oder verkleinert oder selbst vollständig ausgeglichen werden können.

II.

Physiologische Forschungen über die Organe der Bewegung.

§ 6.

Wenn es nun auch dem direkten Experiment trotz seiner vervollkommneten Technik bisher nicht gelungen ist, einen wesentlichen Fortschritt in der Auffassung des Gehmechanismus seit W e b e r herbeizuführen, so hat doch die wissenschaftliche Forschung auf anderem Wege eine bessere Erkenntniss desselben ermöglicht, indem sie ihre Aufmerksamkeit mehr den Organen der Bewegung, den Gelenken und Muskeln zuwandte.

Von den zahlreichen, sehr werthvollen Untersuchungen über die Gelenkbewegungen haben selbstverständlich nur diejenigen unmittelbare Beziehung zum Mechanismus der Gehbewegungen, welche sich mit Gelenken befassen, die in gewissem Sinne zwangläufig sind, bei denen also der Charakter der Bewegung auch ohne Muskelwirkung schon allein durch die Gelenkeinrichtung bestimmt wird.

Eine solche Zwangläufigkeit kann, wie beim Ellbogengelenk, bedingt sein durch das charnierartige ineinandergreifen der Gelenkenden zweier Knochen, oder, wo der Bau der Gelenkenden eine freiere Beweglichkeit erwarten liesse, durch den Bandapparat des Gelenks.

H. v. Meyer hat zuerst einen solchen, den Charakter der Bewegung bestimmenden Einfluss des Bandapparates beim Kniegelenk nachgewiesen und gezeigt, dass eine reine Extensionsbewegung bei einem Knie mit unverletzten Bändern nicht bis zur vollständigen Streckung desselben ausgeführt werden kann, sondern dass sich gegen das Ende derselben eine Rotation des beweglichen Knochens einstellt, die bei der Tibia nach aussen, beim Femur nach innen gerichtet ist; und dass diese Rotation mit der Gestalt des innern Femurkondylus auf's innigste zusammenhängt, welcher sich mit seinem vordern Theil in horizontalem Bogen um die fossa intercondylica herumkrümmt. C. Langer *(das Kniegelenk des Menschen, Wien 1858)* hat Meyer's Entdeckung ergänzt durch den Nachweis, dass bei dem Versuch, die Streckbewegung im Knie ohne Rotation auszuführen, der Kontakt der eminentia intercondyloidea mit dem Rande des condylus internus aufgehoben und erst wieder hergestellt wird, wenn mit der Extensionsbewegung sich die Rotation verbindet. Soll der Kontakt zwischen der eminentia intercondyloidea und dem condylus int. femoris, der, für die Bewegungsrichtung im Knie massgebend ist, erhalten bleiben, so vertheilt sich nach Langer der grösste Theil der Meyer'schen Schlussrotation gleichmässig auf die Extensionsbewegung und tritt nur gegen Ende der Streckung etwas deutlicher hervor; und diese gleichmässige Vertheilung findet statt, wenn die Streckung ohne Zwang ausgeführt wird.

Eine solche zwanglose Streck- und Beugebewegung lässt sich aber von vorneherein von Seite derjenigen Muskeln erwarten, welchen diese Funktionen obliegen, und hier ist es wieder H. v. Meyer, welcher auf die innige Beziehung zwischen Verlaufs- und Zugsrichtung derselben, resp. ihrer Sehnen und der Gestaltung der Gelenke hingewiesen hat. Der m. semimembranosus, dessen Sehne den condylus int. tibiae umgreifend sich von hinten nach vorn wendet; der m. sartorius, m. gracilis und m. semitendinosus, die wie der erstere als Flexoren des Knie's sich gemeinschaftlich an der crista tibiae inseriren, vereinigen nach Meyer das rotatorische Element mit dem flexorischen und drehen die tibia dem Gelenkmechanismus entsprechend bei der Beugung nach einwärts. Denn wie bei der Streckung, so rotirt der bewegliche Knochen bei der Beugung, nur in entgegengesetztem Sinne, die Tibia also nach innen und das Femur nach aussen.

Ebenso betont Meyer die beinahe ausschliesslich rotatorische Wirkung des m. popliteus und erkennt in dem Umstande, dass die tuberositas tibiae, die Anheftungsstelle der Streckmuskeln des Knie's, mehr nach aussen gegen den condylus ext. tibiae hin liegt, ein rotatorisches Element im Sinne der Schlussrotation auch für die Streckmuskeln.

Wie für das Knie, so wurde durch die Untersuchungen von H. v. Meyer, Henke, Langer u. A. auch für diejenigen Gelenke des Fusses und der Fusswurzel, welche vermöge ihrer räumlichen Ausdehnung eine genauere Bestimmung der Rotationsrichtung zulassen, der gemischte Charakter ihrer Bewegungen festgestellt.

Hierher gehören die Gelenkverbindungen zwischen Unterschenkel und Sprungbein, zwischen diesem und dem Kahnbein einerseits und dem Fersenbein andererseits, sowie diejenige zwischen diesem letzteren und dem Würfelbein.

In allen diesen Gelenken kombiniren sich, wie im Kniegelenk, immer zwei Rotationen zu gemeinsamer Bewegung, und diesem Mechanismus gemäss verhalten sich auch wieder die Muskeln, welche in ihrer Verlaufsrichtung die beiden Komponenten dieser Bewegung vereinigen. Welche zwei Rotationsrichtungen in den einzelnen Fussgelenken gleichzeitig vorhanden sind, und wie sie unter sich und mit denen des Kniegelenks korrespondiren, wird bei der Betrachtung der Gehbewegungen zur Erörterung kommen.

Ein analoges Verhalten zeigen die Bewegungen der zwangläufigen Gelenke der oberen Extremität und diejenige der Wirbel, deren Drehungen um frontale und sagittale Achsen stets mit Drehungen um vertikale Achsen verbunden sind, so dass die Biegungen der einzelnen Säulenabschnitte nach vorn oder hinten und nach den Seiten von gleichzeitiger Torsion derselben begleitet werden.

Im Anschluss an die hierauf bezüglichen Untersuchungen wurden auch die statischen Verhältnisse der Wirbelsäule einem genaueren Studium unterworfen und neben den Arbeiten von Aeby, Henke, Meyer, Horner u. A. sind besonders die Untersuchungen von Parow *(Studien über die physikalischen Bedingungen der aufrechten Stellung und der normalen Krümmungen der Wirbelsäule. Archiv für pathol. Anat. Bd. 31)* insofern von hervorragendem Interesse für uns, als sie einen hohen Grad von Beweglichkeit und Akkomodationsfähigkeit der Wirbelsäule beim lebenden Menschen für die Veränderungen nachgewiesen haben, welche durch die Schwankungen der Beckenneigung, der Lage und Haltung des Körpers und der Stellung seiner Glieder, sowie durch die Verschiebung seiner Partialschwerpunkte bei äusserer Belastung und wechselnder Füllung des Bauches hervorgerufen werden.

§ 7.

Was die Muskeln betrifft, so interessiren uns hier deren mechanische Eigenschaften, insoweit sie wissenschaftlich konstatirt sind.

Die zu ihrer Erforschung vorgenommenen Experimente wurden am isolirten, d. h. dem aus seinen natürlichen Verbindungen gelösten Muskel angestellt. Wir heben die wichtigsten hierauf bezüglichen Sätze aus dem Handbuche der Physiologie von Hermann heraus. Darnach besitzt der Muskel im ruhenden Zustande eine geringe, aber sehr vollkommene Elastizität, d. h. er kann leicht bis zu einem bedeutenden Grade durch Zug verlängert werden, kehrt aber nach Aufhören desselben zu seiner ursprünglichen Länge wieder zurück. Der Grad der Verlängerung ist nach Ed. Weber wie bei allen organisirten Körpern dem Grade der dehnenden Kraft nicht proportional; letztere muss um so grösser werden, je mehr der Muskel durch Dehnung bereits verlängert ist.

Durch gewisse Einwirkungen geräth der Muskel aus dem Zustand der Ruhe in einen Zustand erhöhter Spannung, welcher sich in dem Bestreben kundgibt, durch Zusammenziehung in der Richtung seiner Faserung seinen ursprünglichen Spannungszustand wieder zu gewinnen.

Die Einwirkungen nennt man Reize und den Zustand erhöhter Spannung Erregung.

Die Reize können thermischer, mechanischer, chemischer oder elektrischer Natur sein.

Eine einmalige Erregung des Muskels durch einen Reiz ruft in demselben eine Zuckung hervor. Der zeitliche Verlauf und die einzelnen Phasen der Muskelthätigkeit während derselben wurden durch Helmholtz nach besonderen Methoden und dazu konstruirten Apparaten untersucht und mit grosser Präzision festgestellt.

Eine Reihe rasch aufeinanderfolgender Reize veranlasst eine anhaltende Zusammenziehung, einen Tetanus des Muskels, welcher der natürlichen Kontraktion der nicht isolirten Muskeln analog ist.

Du Bois-Reymond hat das Verdienst, diese Art von Muskelerregung in das Experiment eingeführt zu haben.

Während der Zusammenziehung wird der Muskel dicker und zugleich dichter, so dass sein Volum etwas abnimmt.

Die Grösse der Erregung hängt einerseits von der Stärke des Reizes, andererseits vom Zustande des Muskels, d. h. seiner Erregbarkeit ab. Diese ist am grössten bei mittlerer Temperatur und sinkt mit der Zu- und Abnahme derselben. Dann wird sie durch angestrengte Thätigkeit herabgesetzt

(Ermüdung) und ebenso durch Störung seiner normalen chemischen Zusammensetzung, besonders durch Verhinderung der Sauerstoffzufuhr.

Mit der Grösse der Erregung steht aber die Kraft in direkter Beziehung, mit der sich der Muskel zusammenzieht. Letztere wird ausserdem durch den Querschnitt des Muskels, d. h. durch die Summe der Fasern bestimmt, aus welchen er besteht und welche ihre Einzelkräfte in ihm zusammenwirken lassen. Bleibt die Reizstärke konstant, so nimmt die Kraft des Muskels während seiner Verkürzung ab, so dass er nur immer kleinere Lasten noch zu heben vermag (Schwann) und seine Energie mit der Vollendung seiner Kontraktion gleich Null wird. Ist also der Erregungszustand bei Beginn der Verkürzung vollständig entwickelt, so wird, wie A. Fick gezeigt hat, die Arbeitsleistung während desselben dann den höchsten Grad erreichen, wenn die Last in dem Masse abnimmt, als die Energie während der Verkürzung geringer wird.

Der Muskel kann sich in diesem Fall bis zur vollständigen Entspannung zusammenziehen und wird in jedem Moment eine seiner augenblicklichen Spannung entsprechende Last heben.

Wie die Kraft von der Summe der Fasern, so hängt die Höhe, bis zu welcher der Muskel seine Last zu heben vermag, von ihrer Länge ab, welcher die Hubhöhe somit proportional ist.

Die Hubhöhen nehmen aber auch ceter. par. mit zunehmender Belastung ab, so dass sich die Kurvenäste des ruhenden und des erregten Muskels immer mehr nähern, je schwächer der Muskel tetanisirt ist. Hermann hat hieraus den Schluss gezogen, dass bei minimaler Tetanisirung jede Last um den gleichen minimalen Betrag gehoben werden muss, und die Richtigkeit desselben durch das Experiment bestätigt.

Prüft man, in wie weit die hier angeführten Sätze auch für den in seinen normalen Verbindungen belassenen und unter dem Einfluss des Nervensystems im Körper funktionirenden Muskel Geltung besitzen, so lassen sie sich zum Theil ohne Weiteres auf ihn übertragen, wie z. B. das Abhängigkeitsverhältniss der Hubhöhe und Kraft von der Länge und Dicke des Muskels, theils sind sie uns unmittelbar aus der Erfahrung bekannt. So kennen wir die grosse Dehnbarkeit und vollständige Elastizität des Muskels im ruhenden und erregten Zustande, die Abhängigkeit seiner Leistungsfähigkeit von der Stärke des Willenseinflusses, und zwar von dem Grade des Gemeingefühls im Allgemeinen, wie auch von demjenigen der besonderen Willensanstrengung bei Erregung einzelner Muskeln oder Muskelgruppen zur Ausführung bestimmter Handlungen.

Ebenso wissen wir, dass der Muskel desto besser funktionirt, je weniger seine histologische Beschaffenheit und seine Ernährung von der Norm abweicht: dass seine Energie vermindert wird durch hohe Kälte- und Wärmegrade und durch pathologische Veränderungen seiner Substanz und dass in Folge zu grosser oder lange anhaltender Anstrengung ein Zustand der Erschöpfung eintritt, von dem er sich, wie der isolirte Muskel, durch Ruhe wieder erholt und zwar desto schneller, je geringer der Grad der Erschöpfung war.

Ebenso schliesst man aus dem Muskelgeräusch, das man an dem sich kontrahirenden Muskel wahrnimmt, und aus der Erzeugung des sogenannten sekundären Tetanus durch kontrahirte Muskeln (Du Bois-Reymond, Hermann) dass die natürliche anhaltende Muskelkontraktion ebenso wie der künstliche Tetanus durch eine Reihe schnell aufeinanderfolgender Reize hervorgerufen werde, welche von den Centralorganen durch die Nerven auf den Muskel fortgeleitet werden. Ferner ist Jedem bekannt, dass der Muskel während seiner Zusammenziehung dicker wird und Aeby und Marey haben ihn seine Verdickung auf rotirende Cylinder aufschreiben lassen und dabei Kurven erhalten, welche mit den Verkürzungskurven des isolirten Muskels übereinstimmten.

III.

Acquilibrirung des Körpers beim Stehen und Gehen.

§ 8.

Eine für unsere Auffassung der beim Gehen in Betracht kommenden Kräfte wesentliche Frage ist nun, ob sich die gesammte beim Gehmechanismus betheiligte Muskulatur während der Dauer der Gehbewegungen im Zustande der Erregung von Seite des Nervensystems befindet.

Dass ein solcher Erregungszustand der Muskulatur für das aufrechte Stehen erforderlich ist, wird wohl von allen Autoren angenommen. Denn die Erhaltung des labilen Gleichgewichtes aller senkrecht auf einander gestellten Körpertheile ohne Muskelkraft wäre selbst in dem Falle nicht möglich, in dem es gelänge, alle einzelnen Schwerpunkte und Drehungsachsen der Gelenke in eine und dieselbe Vertikal-Ebene zu bringen.

Desshalb gelingt es auch nicht, eine menschliche Leiche, bei welcher die Todtenstarre vorüber ist, in freie aufrechte Stellung zu bringen.

Beim lebenden Körper ist zwar nach Parow die Stabilität in Folge der Prallheit aller unter dem Drucke der Blut- und Säftemasse stehenden Gewebe eine grössere; auf der andern Seite würden aber wieder, wie H. v. Meyer hervorhebt, die Bewegungen der inneren Organe, besonders des Herzens und der Lunge, die Erhaltung des Gleichgewichts noch mehr erschweren.

Der letztere Autor hat nun eine Stellung angegeben, bei welcher das labile Gleichgewicht durch die antagonistische Wirkung zwischen Körperlast und Bänderspannung theilweise in ein mehr stabiles verwandelt wird, so dass das Aufrechtstehen mit scheinbar geringerem Aufwand von Muskelkraft geschehen kann.

Die Schwerlinie des Rumpfes fällt dabei hinter der queren Verbindungslinie der beiden Hüftgelenke in die von den Füssen eingenommene Stützfläche herab. Der etwas nach hinten geneigte Rumpf wird durch die Spannung der vor der Hüftachse befindlichen ligamenta ileofemoralia, welche zur Verstärkung der vordern Wand der Gelenkkapsel von der spina anterior inferior des Hüftbeins über jene hinweg zur linea intertrochanterica femoris hinabziehen, am Rückwärtsfallen verhindert und der Rumpf auf solche Weise festgestellt.

Auch für die Erhaltung der bei dieser Stellung vorhandenen Kniestreckung ist nach M. keine Muskelkraft nöthig, obgleich die Schwerlinie hinter dem Knie herabfällt und hierdurch für den Oberschenkel sammt Rumpf ein Drehungsmoment nach hinten entsteht — desshalb nicht, weil sich dem Mechanismus des Kniegelenks gemäss der Oberschenkel gleichzeitig mit der Beugung um seine Längsachse nach aussen drehen müsste, welche Drehung durch die Spannung des ligament. ileo-femor. verhindert werde.

Die Feststellung im Hüftgelenk durch Bänderspannung hätte demnach auch eine Feststellung der Kniegelenke zur Folge.

Die Verhinderung der Kniebeugung durch die erwähnten Bänder am Hüftgelenk sollte nun nach M. wieder auf die Feststellung des Fussgelenkes von Einfluss sein, da bei auswärts gestellten Füssen die beiden Astragalusachsen einen nach hinten offenen Winkel bilden, in Folge dessen eine Neigung der Unterschenkel nach vorn nur unter Entfernung ihrer oberen Enden voneinander, also nicht ohne Kniebeugung möglich wäre.

Selbstverständlich gibt auch M. die Beihilfe von Muskelwirkung bei der Aequilibrirung des Körpers im Fussgelenk zu; aber auch die Feststellung im Knie scheint nicht ohne sie möglich zu sein; wenigstens fühlt man die Streckmuskeln des Knie's bei der Meyer'schen Stellung deutlich gespannt und die

Kniescheibe wenig beweglich. Von Interesse ist diese Stellung, die mehr der Schonung der Rücken- und Gesässmuskulatur dienen dürfte, insofern, als sie zeigt, wie in einigen Körper-Regionen die Gelenkeinrichtung fähig ist, ihren Muskeln die Arbeit abzunehmen oder wenigstens zu erleichtern.

Ob dabei Muskelarbeit im Ganzen gespart wird, lässt sich bei der Schwierigkeit, dieselbe bei der allgemeinen Betheiligung der Muskulatur quantitativ zu bestimmen, nicht leicht entscheiden. Die Arbeit der Kniestrecker, besonders aber der Wadenmuskeln ist dabei jedenfalls eine viel grössere, da die starke Neigung der Unterschenkel nach vorn den Hebelarm, an welchem die Körperschwere angreift, um das Fussgelenk zu beugen, verlängert, so dass den Wadenmuskeln, welche diese Beugung, resp. das Umfallen nach vorn verhindern sollen, eine bedeutend grössere Arbeit zufällt, als bei der gewöhnlichen Art des Aufrechtstehens, wo die Unterschenkel mehr senkrecht gestellt sind.

Das Drehungsmoment in den Fussgelenken nach vorn, d. h. das Produkt aus Hebelarm und Schwere des Körpers ist so gross, dass, wie Henke mit Recht bemerkt, die Festigkeit der Fussgelenke nur einen relativ sehr kleinen Theil zur Aequilibrirung beitragen kann.

Der Zweck der Meyer'schen Konstruktion des aufrechten Stehens war übrigens auch nicht die Auffindung einer Normalstellung, welche aus der richtigen Kombination aller dem Körper zur Verfügung stehenden Hilfsmittel als die zweckmässigste resultiren würde, sondern sie stellte sich die Aufgabe, durch Ausschaltung der Muskelkraft den Antheil aufzusuchen, welchen der Knochen- und Gelenkbau an der Aequilibrirung des Körpers hat.

Es ist ja auch nicht sehr wahrscheinlich, dass der Grundsatz einseitiger Ersparung von Muskelkraft für die Beurtheilung normaler körperlicher Bewegungsvorgänge eine wirkliche Berechtigung hat. Die scheinbar verschwenderische Ausstattung des Organismus mit Muskeln deutet wenigstens nicht darauf hin, dass eine gar zu ängstliche Schonung derselben im Plane des körperlichen Haushaltes gelegen ist. Eher dürfte ihm eine möglichst gleichmässige Vertheilung der Arbeit auf alle derselben Funktion dienenden Apparate entsprechen und in dem „viribus unitis" das Geheimniss für die Schonung der einzelnen Organe einerseits und andererseits für den höchsten Grad ihrer Leistungsfähigkeit und Ausdauer zu suchen sein.

Aus diesem Grunde wird sich auch der Typus des aufrechten Stehens nicht durch Elimination eines oder mehrerer Faktoren, sondern aus dem harmonischen Zusammenwirken derselben zu gemeinsamer Arbeit ergeben.

Wir wollen desshalb das Meyer'sche Stehen als ein zuweilen beliebtes Auskunftsmittel betrachten und uns in Beziehung auf die Haltung beim ge-

wöhnlichen Stehen eher den Resultaten P a r o w's anschliessen, welche dieser
Forscher durch zahlreiche Messungen an lebenden, kräftigen und wohlgebauten
Menschen erhalten hat und nach welchen die Rumpf-Schwerlinie nicht hinter
die Hüftachse fällt, sondern diese schneidet, so dass den Muskeln die Sorge
für das Gleichgewicht in hervorragender Weise zukommt.

§ 9.

In Beziehung auf die Art, wie die Muskeln dieser ihrer Aufgabe genügen, ist es nun sehr unwahrscheinlich, dass sie jedesmal erst von den
Centralorganen des Nervensystems aus in Erregung versetzt und zur Kontraktion gebracht werden, wenn der jeden Augenblick in allen einzelnen
Höhenbezirken und nach allen möglichen Richtungen hin drohende Gleichge-
wichtsverlust schon eingetreten und dem Gehirn zur Perzeption gekommen
ist, in welchem Falle die Hilfe wohl immer zu spät käme.

Auch die Erzielung eines höheren Spannungsgrades der gesammten
Muskulatur durch stärkere Innervirung würde, obwohl sie im Allgemeinen
eine grössere Stabilität des Gleichgewichtes im Gefolge hat, doch immerhin
einer fortwährenden Aufmerksamkeit bei der geringsten Störung durch äussere
Einflüsse oder durch Bewegungen einzelner Körpertheile bedürfen, wenn die
tetanisirten Muskeln nur wie elastische Stränge wirkten und denselben nicht
Eigenschaften innewohnten, vermöge deren sie im Stande sind, die Korrektion
einer Gleichgewichtsstörung ohne Intervention des Willens selbst zu übernehmen.

Diese Fähigkeit scheinen die Muskeln nach den Untersuchungen Heidenhain's über ihren chemischen Umsatz und ihre Wärmebildung wirklich zu
besitzen. Heidenhain hat nachgewiesen, dass der Grad der Erwärmung
des Muskels im Tetanus und der Lebhaftigkeit seines Stoffwechsels vom Grade
seiner Spannung abhängt. Je grösser diese durch stärkere Erregung oder
Belastung wird, desto grösser ist die Wärmeproduktion und der chemische
Umsatz.

Man hält es nun mit Recht für wahrscheinlich, dass mit der Steigerung
der Intensität der vitalen Vorgänge im Muskel auch eine Steigerung der
mechanischen Leistung desselben verbunden ist. Es würde dann die durch
die Dehnung des erregten Muskels erlangte Kraft desselben grösser sein als
diejenige, welche für die Dehnung selbst erforderlich war, so dass der durch
die Störung des Gleichgewichts gedehnte Muskel letzteres leichter von selbst
wieder herstellt. Auf solche Weise wäre die Aequilibrirung des Körpers ge-

sichert, ohne dass die Beweglichkeit seiner Theile durch hochgradige anhaltende Muskelspannung beeinträchtigt und die Aufmerksamkeit zu sehr in Anspruch genommen würde.

In der That sehen wir auch, dass ein gesunder aufrechtstehender Mensch sich um alle anderen Dinge eher kümmert, als um die Aequilibrirung seines Körpers und dass diese ohne subjektiv oder objektiv wahrnehmbare Mühe bewerkstelligt wird selbst in dem Falle, wo er mit oder ohne Belastung alle möglichen Arbeiten unter beständigen Bewegungen des Rumpfes und der oberen Extremitäten verrichtet, durch welche eine stete Lageveränderung der Einzelschwerpunkte gegen einander und des Gesammtschwerpunktes des Rumpfes gegen die Beckenachse veranlasst wird.

Es ist klar, dass eine solchergestalt durch Muskelkraft zu bewirkende Aequilibrirung des Körpers auch einen Gleichgewichtszustand in der Spannung der dabei mitwirkenden erregten Muskeln involvirt und zwar nicht nur der sogenannten antagonistischen im engeren Sinne, welche Beugung oder Streckung, Ab- oder Adduktion in einzelnen Gelenken bewirken, sondern sämmtlicher über alle zu äquilibrirenden Gelenke hinwegziehenden Muskeln.

Bei gleicher Erregung und Erregungsfähigkeit derselben ist der Gleichgewichtszustand von der relativen Länge der einzelnen Muskeln und der Summe ihrer Fasern abhängig, welche ihren Querschnitt bilden. Wenn sich daher bei gewissen Beschäftigungen, wie sie der Beruf des Einzelnen mit sich bringt, gewisse Muskeln und Muskelgruppen in Folge einseitiger, anhaltender und anstrengender Arbeit stärker entwickeln und damit die Zahl ihrer Fasern wächst; oder wenn bei sitzender Lebensweise in Folge andauernder starker Dehnungen über stark gebogene Gelenke hinweg Muskeln länger werden, so ist damit der für ein normales aufrechtes Stehen erforderliche Gleichgewichtszustand in der Spannung der Muskeln gestört und diese Störung wird sich in der veränderten Haltung des Körpers beim Aufrechtstehen kundgeben, aus welcher man bekanntlich einen Rückschluss auf die Art der Beschäftigung eines Menschen machen kann.

Wenn es nun also in hohem Grade wahrscheinlich ist, dass eine gesteigerte Innervation der gesammten, der Aequilibrirung dienenden Muskulatur für die ganze Dauer des Aufrechtstehens erforderlich ist, und um so wahrscheinlicher als diese Innervation uns als erhöhte Willensanstrengung gegenüber derjenigen bei der Ruhelage zum unmittelbaren Bewusstsein kommt — als wir sie fühlen — so werden wir sie auch für das Gehen in Anspruch nehmen dürfen, das man mit Recht als ein abwechselndes Stehen auf beiden Beinen bezeichnet hat, bei dem die Sorge für die Erhaltung des Gleichgewichts nach allen

3*

Richtungen mit Ausnahme derjenigen, in welcher die Fortbewegung geschehen soll, den Muskeln in gleicher Weise obliegt, wie beim einfachen Stehen.

Wir brauchten dann nicht anzunehmen, dass für jede Einzelbewegung beim Gehen ein besonderer Willensakt nöthig sei, noch auch zu dem Auskunftsmittel besonderer Centralapparate für die Coordinationsbewegung des Gehens zu greifen, da das ganze dabei stattfindende Muskelspiel, ähnlich wie während der Aequilibrirung beim Stehen, in einem kontinuirlichen Ausgleich des Spannungsunterschiedes bestehen würde, welcher Unterschied, durch eine absichtliche Gleichgewichtsstörung in der für die Fortbewegung gewünschten Richtung einmal an einer gewissen Stelle der Gliederreihe hervorgerufen, diese in steter Wiederholung durchläuft in dem Masse, als er durch den darauffolgenden Ausgleich selbst immer wieder auf ein weiteres Glied der Reihe fortgeleitet wird.

Diese Auffassung liegt dem nun folgenden Versuch zu Grunde, die Vertheilung der Muskelarbeit auf die Gehbewegungen und die Bedingungen, unter denen sie zu Stande kommt, zu erörtern.

IV.

Bewegung des Beinskelettes beim Gehen und Verhalten der Muskeln dabei.

§ 10.

Betrachtet man bei nebenstehendem Schema, welches die Profillinien der Knochenstellungen einer Extremität während eines Doppelschrittes der auf Taf. II dargestellten Gangart wiedergibt, die Winkelbewegung in der vertikalen Ebene der Fortbewegung, welche durch den Druck des Körpergewichtes im Fussgelenk hervorgerufen von ihm aus auf die übrigen Gelenke der Extremität fortschreitet, und zeichnet auf den Streck- und Beugeseiten die Muskeln in das Schema ein, welche, nachdem sie durch diese Winkelbewegung gedehnt worden, letztere durch Kontraktion weiterleiten, so erhält man ein Bild von der Aktion der

Fig. 2.

Streck- und Beugemuskeln im Allgemeinen während einer der dargestellten Perioden der Beinbewegung.

Tritt das im Kniegelenk gestreckte vorgeschrittene Bein mit der Ferse auf den Boden auf, Fig. 2, so drückt derjenige Theil des Körpergewichtes, welcher damit auf dieses Bein übergeht, den Fuss auf den Boden herab, so dass sich der vordere Winkel des Fussgelenks öffnet. Hierdurch werden die über diesen Winkel hinwegziehenden Streckmuskeln, die von der vordern Fläche des Unterschenkels zum Fussrücken herablaufen, mit grosser Kraft gedehnt. Da sie aber im Erregangszustand sind, und somit das Bestreben haben, sich um einen dem Grade der Erregung entsprechenden Betrag zu verkürzen und da die Energie derselben desto grösser wird, je mehr ihre Spannung durch Dehnung wächst, so werden sie auch bald die dehnende Kraft überwinden und durch Kontraktion den vordern Fussgelenkswinkel wieder verkleinern, indem sie den Unterschenkel auf dem durch das Körpergewicht festgestellten Fuss nach vorn bewegen.

Hat der in Folge des Muskelzuges sich aufrichtende Unterschenkel die vertikale Stellung überschritten, so tritt das Körpergewicht an Stelle der Muskelarbeit, indem es den Unterschenkel gegen den Fussrücken herunterdrückt.

Fig. 3.

Hierdurch werden nun wieder die Muskeln der hintern Fläche des Unterschenkels, die zwischen diesem und der Ferse ausgespannt sind, gedehnt. (Fig. 3.)

Gleichzeitig mit dem Wachsen ihrer Spannung wandert auch die Schwerlinie, die Anfangs in die Nähe der Ferse fiel und ein Aufheben derselben verhinderte, nach vorn, so dass jetzt die Wadenmuskeln die Ferse durch Drehung um den fest aufliegenden Fussballen Leben und dem Unterschenkel wieder nähern können. (Fig. 4.)

Während dies geschieht, tritt der andere Fuss auf den Boden auf, und indem er die Last des Körpers mehr und mehr aufnimmt, wird sie hier in demselben Maasse geringer und es werden nun auch die auf der hinteren Fläche des Unterschenkels herabkommen- den und auf der Sohlenfläche des Fusses verlaufenden Zehen-

Fig. 4.

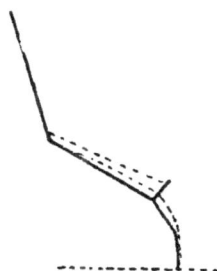

Fig. 5.

benger, welche durch die wachsende Konvexität des Fussballens ebenfalls eine Dehnung erlitten, den Fuss auf die Zehenspitze erheben. (Fig. 5.)

Fig. 6.

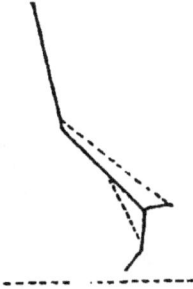

Während ihrer Aktion haben aber die Wadenmuskeln das Fussgelenk wieder gestreckt, dadurch die vordern Unterschenkelmuskeln wieder gespannt, so dass diese während des jetzt folgenden Durchschwingens die Beugung des Fusses beginnen und dieselbe, wie anfangs dargethan, bis zum vollständigen Auftreten des Fusses fortsetzen. (Fig. 6.)

In gleicher Weise wie der Unterschenkel, der Fussbewegung folgend, mit seinem oberen Ende nach vorn gezogen wurde, wird auch der obere Theil des Femur mit dem Becken nach vorn bewegt, und zwar zunächst durch die Streckmuskeln der vorderen Seite (m. quadriceps femoris), welche durch die Kniebeugung in Folge der Neigung des Unterschenkels nach vorn gedehnt wurden. (Fig. 7.) Diese richten das Femur auf und nach Erreichung der vertikalen Stellung übernimmt auch hier wieder die Schwere die Weiterbewegung nach vorn. Durch diese erfahren jetzt die hintern Oberschenkelmuskeln eine Erhöhung ihrer Spannung, die sie in Stand setzt, zunächst ein Ueberfallen des Körpers nach vorn zu verhindern.

Fig. 7.

Dadurch, dass sich das Femur aus seiner anfänglichen Neigung nach hinten in die vertikale Stellung begibt, wird der vordere Winkel des Hüftgelenks, den es mit dem Becken bildet, vergrössert und es werden daher auch die zwischen diesem und dem Femur ausgespannten Muskeln, welche über die vordere Gelenkfläche hinweglaufen (mm. iliopsoas, rectus femoris, pectinaeus), das Becken nach vorn herunter dem Femur nachdrehen. (Fig. 7.)

Fig. 8.

Indem sich dieses dabei hinten erhebt, so erfahren auch diejenigen Muskeln der hintern Seite des Oberschenkels eine Dehnung, die sich direkt von ihm zum hintern Umfang des Beckens begeben, während die vom Unterschenkel zu ihm aufsteigenden einen Zuwachs ihrer Spannung erhalten. (Fig. 8.)

Sobald nun das Gewicht des Körpers auf dem vordern Fuss lastet, und der Unterschenkel und Fuss des in Rede stehenden jetzt hintern Beins nur nur noch mit ihrem eigenen Gewicht auf dem Boden ruhen, werden beide durch die bisher in starker Spannung gehaltenen Beuger vom Boden abgehoben. (Fig. 9.)

Das Gewicht dieser beiden nimmt aber in dem Maasse ab, als sich der Unterschenkel beim Vorschwingen vertikal stellt, da dabei der Hebelarm der Schwere immer kleiner wird, bis endlich die durch die starke Kniebeugung wieder gedehnten Strecker des Knie's an der vorderen Fläche des Femur die Oberhand gewinnen und Unterschenkel sammt Fuss nach vorn bewegen.

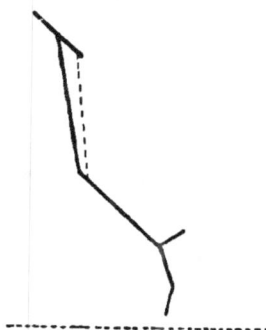

Fig. 9.

Es macht somit jeder Abschnitt des Beinskelettes, Fuss-, Unter- und Oberschenkel, während einer ganzen Periode der Beinbewegung eine einmalige Oscillation in der vertikalen Richtung des Fortschreitens. Hin- und Rückgang erfolgen aber nicht wie bei einem gewöhnlichen Pendel durch einen Wechsel der Bewegungsrichtung um denselben Drehpunkt, sondern die Drehungsrichtung bleibt in beiden Theilen der Oscillation dieselbe und die Rückkehr zur Ausgangsstellung geschieht durch Verlegung des Drehpunktes in das entgegengesetzte Ende der einzelnen Abschnitte.

Die Oscillationen derselben sind ferner nicht gleichzeitig, sondern schreiten während des Aufstehens von unten nach oben, während des Vorschwingens von oben nach unten fort und werden abwechselnd durch Muskelkraft und Schwere erhalten.

Da in der Zeit eines Doppelschrittes jedes Bein einmal in der angeführten Richtung oscillirt, und das Becken sich an den Bewegungen beider Beine betheiligt, so oscillirt es in derselben Zeit zweimal, also während jedes einfachen Schrittes einmal.

H. v. Meyer hat auf diese Bewegung des Beckens aufmerksam gemacht und nachgewiesen, dass das Becken sich nach vorn neigen müsse, wenn das Femur des hintern abstossenden Beins in starke Schiefstellung nach hinten gebracht werden soll, da beim Stehen der höchste Grad der Streckung zwischen Femur und Becken schon erreicht sei, und dass diese Neigung durch eine kräftige Aktion des musc. sacrolumbalis bewirkt werde.

In der That ist beim Gehenden die durch die periodische Verstärkung der Becken-Neigung veranlasste Lenden-Einbiegung bei jedem Schritte wahrnehmbar und diese zugleich ein Beweis für die Existenz der in Rede stehenden Bewegung des Beckens während des Gehens, da sie ohne die letztere nicht zu Stande kommen könnte, so lange die Wirbelsäule ihre Haltung nicht verändert.

§ 11.

Eine ähnliche Oscillationsbewegung der einzelnen Skeletttheile, wie sie die Projektion der Gehbewegungen auf eine mit der Gehrichtung parallele Sagittalebene zeigt, erscheint auch bei der Projektion auf eine sich mit jener kreuzenden Frontalebene.

Sie ist desto auffallender, je breitspuriger der Gang ist. Auch hier ist der Einfluss der Schwere auf Dehnung und Zusammenziehung der Muskeln und die alternirende Thätigkeit dieser beiden Faktoren in die Augen fallend.

Fig. 10. Fig. 11.

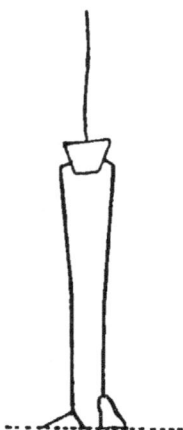 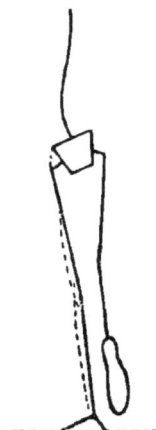

Wenn die Schwerlinie des Körpers, welche in Fig. 10, wo das hintere Bein noch stützend und schiebend auf dem Boden steht, zwischen beide Füsse fällt, in Fig. 11 auf den linken Fuss übergehen soll, so werden in demselben Maasse, als der rechte hintere Fuss entlastet und endlich vom Boden abgehoben wird, die Abductionsmuskeln an der äussern Seite des linken Beins durch das Gewicht des Rumpfes mit dem daranhängenden rechten Bein auf Dehnung in Anspruch genommen. Dass aber eine dem dehnenden Zuge entgegengerichtete Bewegung der Knochen übereinander die Stellung in Fig. 11 herbeiführt, beweist, dass die Dehnung durch die Körperlast von den Muskeln mit aktiver Verkürzung und Ueberwältigung der Last beantwortet wird.

Da beim gewöhnlichen Gehen dem Becken vom abstossenden Bein keine Wurfbewegung ertheilt wird, so kann auch von dem Augenblick an, wo der

Körper auf einem Bein steht, der Schwere gegenüber keine andere Kraft in Rechnung kommen, als die Muskelwirkung dieses stehenden Beins, so dass der Einwand wegfällt, den man bei doppeltem Aufstehen damit machen könnte, dass das hintere schiebende Bein die Funktion der abduktorischen Muskeln des vordern Beins überflüssig mache.

Zwar handelt es sich für den Anfang jener Periode des Aufstehens auf einem Bein, in welcher die Schwerlinie schon auf dessen Fuss herüber-geleitet ist, mehr um die Thätigkeit der abduktorischen Hüftmuskeln, der mm. glutaei (minimus und medius), welche die Beckenseite des andern eben durchschwingenden Beins erheben, während die Abduktoren am untern Ende des stehenden Beins (mm. peronei, kurzer Kopf des m. biceps) nur noch für die Aequilibrirung desselben zu sorgen haben. Allein es lässt sich aus der Stellung der Knochen, welche sie in Folge der später zu erörternden Drehung um ihre Längsachse während des Niedertretens des vorgeschrittenen Fusses gegen einander einnehmen, mit Rücksicht auf die Muskelfunktion zeigen, dass die abduktorische Aktion der Muskeln am untern Ende der Extremität schon beginnt, während das hintere Bein noch aufsteht, dass sie sich also mit dessen Thätig-keit vereinigt, um den Schwerpunkt des Körpers über den auftretenden Fuss zu leiten.

Fig. 12.

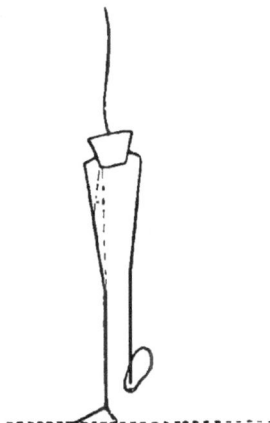

Durch die Aktion der Abduktionsmuskeln werden nun wieder die antagonistischen Mus-keln der linken inneren Seite (Adduktoren) gedehnt und damit auch ihre Kontraktion vorbereitet, die nach dem Passiren des rechten schwingenden Beins durch die vertikale Stellung beginnt und während des darauffolgenden Ab-stossens und Durchschwingens des linken Beins dauert, dessen Fuss dann mit erhobenem innern Rande zum Auftreten gelangt. (Fig. 12.)

Es ist mithin auch diese Bewegung keine in allen Gelenken gleichzeitige, sondern schreitet längs dem Kontinuum der Extremität weiter und zwar abduktorisch von unten nach oben und adduktorisch in umge-kehrter Richtung.

Während jeder ganzen Periode der Beinbewegung findet sie bei jedem einzelnen Gliede der Extremität nur einmal statt, und ebenso hebt und senkt sich das Becken in derselben Zeit einmal, wie bei jeder Gangart mit den auf die Hüftbeinkämme aufgelegten Händen deutlich zu fühlen ist.

G e r d y hat diese seitliche Beckenbewegung als Element der Fortbewegung in die Lehre vom Gehen eingeführt und C a r l e t dieselbe durch seine früher erwähnten Versuche bestätigt.

§ 12.

Beide bisher betrachteten Oscillationen der Skeletttheile einer Extremität sind in Wirklichkeit von einander unzertrennlich und nur Projektionen einer und derselben Bewegung auf zwei zu einander rechtwinklig stehende Vertikal-Ebenen.

Sie können desshalb als e i n e vertikale Oscillation aufgefasst werden, deren Ebene ihre Richtnng kontinuirlich dadurch ändert, dass auch die Drehungsachse senkrecht zu ihr oscillirt.

Da nun diese Drehungsachse in dem Knochen selbst liegt, so ist damit eine weitere Oscillation der Skelett-Theile in einer Ebene gegeben, welche die erstgenannten Oscillations-Ebenen rechtwinklig schneidet. Es ist diese die oben bereits erwähnte Drehung der Knochen um ihre Längsachse abwechselnd nach rechts und links, welche sich mit der Drehung um ihre queren Achsen zu gemeinsamer Bewegung vereinigt.

Wenn sich das Femur des eben aufgetretenen Beins auf der Tibia zur vertikalen Stellung aufrichtet, so führt es eine Streckbewegung gegen dieselbe aus, welche nach den Arbeiten von H. v. Meyer und C. Langer über den Gelenkmechanismus im Knie nur unter Rotation des Femur nach einwärts vor sich gehen kann. Der Umstand, dass die Streckung im Knie in Folge der fortdauernden Neigung der Tibia nicht wirklich zu Stande kommt, sondern im Gegentheil seine Beugung zunimmt, ändert nichts an dem Verhalten des Femur. Der Hals desselben vergrössert den Radius seiner Drehung nach einwärts am grossen Rollhügel so erheblich, dass dessen Bewegung nach vorn deutlich gefühlt werden kann.

Wenn ferner während der Rotation des Femur nach innen der äussere Knorren desselben, an dem sich der starke, kurze, mehr quer zur hintern Fläche der Tibia ziehende Kniekehlenmuskel ansetzt, nach vorn rotirt und hierdurch diesen letztern durch Dehnung in höhere Spannung versetzt, so dreht dieser während des Aufstehens den Unterschenkel um seine Längsachse einwärts dem Femur nach.

Und wie die Tibia dann beim Vorschwingen des Beins zur Streckung im Knie aufwärts rotirend mit dieser Rotation, dem Mechanismus des Kniegelenks gemäss, eine Drehung um ihre Längsachse nach aussen verbindet, so dreht sich auch wieder das vorschwingende Femur um seine Längsachse nach aussen, wobei der grosse Rollhügel unter der zufühlenden Hand wieder nach hinten rotirt.

Diese Rotation des Femur nach aussen erkennt man auch an der starken Drehbewegung der Fussspitze lateralwärts, deren Betrag nicht ausschliesslich auf Rechnung derselben Drehungen im Knie- und in den Fussgelenken zu beziehen ist.

Die Bewegungen des Fusses um seine Längsachse, — die Hebung seines innern Randes bei Hebung der Fussspitze und Hebung seines äusseren bei Hebung der Ferse — ist ebenfalls der direkten Beobachtung beim Gehen zugänglich, da die Konformation des Fussskelettes durch dessen Weichtheile nicht verdeckt wird. Dieselben liessen sich ebenso aus dem Mechanismus der Gelenkverbindungen der Fusswurzel ableiten; doch ist ihre Nothwendigkeit wegen des relativ geringen Widerstandes dieser kleinen Gelenke gegenüber dem Drucke des Körpergewichtes ohne Beiziehung von Muskelkräften nicht so unmittelbar einleuchtend, wesshalb wir erst später bei Betrachtung dieser letztern wieder auf sie zurückkommen werden.

Die Bewegung des Beckens erfolgt um eine senkrechte Achse, bald im linken, bald im rechten Hüftgelenk und findet während eines Doppelschrittes ebenfalls nur einmal statt. Durch sie wird die dem Schenkelkopf des tragenden Beins gegenüberliegende Beckenseite in horizontalem Bogen nach vorn geführt, wie bei der Ansicht eines Gehenden von vorn oder hinten ohne Schwierigkeit zu erkennen ist.

Vierordt hat diese Beckenbewegung mittels seiner Spritzmethode als Schlangenlinie auf den Fussboden projizirt. Ebenso hat Carlet, wie oben erwähnt, ihre Existenz durch seine Versuche dargethan, wenn er auch statt eines Beckenpunktes den grossen Rollhügel gewählt hat. Denn die Exkursionen dieses letzteren sind nicht so gross, dass sie diejenigen des Beckens hätten ausgleichen können. Nun behaupten zwar die Br. Weber, welche im Interesse ihrer Pendeltheorie jede Art von Beckenbewegung beim Gehen läugnen, dass eine gleichzeitige entgegengesetzte Schwingung der Arme geeignet sei, diese Drehung des Beckens zu verhindern. Dagegen ist aber zu bedenken, dass zwischen Schulter- und Hüftgelenk keine starre Verbindung existirt, welche einen Bewegungseffekt bei dem einen sofort auf das andere übertragen könnte, sondern dass ein solcher erst durch die sehr bewegliche Wirbelsäule vermittelt werden muss, und dass zuerst diese auf Torsion in Anspruch genommen wird, welche bei natürlichem normalen Gehen durch Muskelaktion keine Verhinderung, sondern nur eine Regulirung erfährt.

Wenn aber die Wirkung der Armschwingung erst nach Ablauf einer gewissen für ihre Fortpflanzung auf das Becken nöthigen Zeit für die untern Extremitäten zur Geltung gelangen kann, und man bei den Gehbewegungen sieht, dass die horizontale Rotation des Beckens nach dem Auftreten des vordern Beins in demselben Sinne erfolgt, in dem unmittelbar vorher die Armschwingung stattgefunden hat, so gelangt man zu der Ueberzeugung, dass letztere die horizontale Rotation des Beckens und damit auch diejenige der unteren Extremitäten nicht nur nicht hemmt, sondern direkt begünstigt. Wo die Wirbelsäule, wie häufig bei der Gangart mit einwärts aufgesetzten Fussspitzen, durch pathologische Affektionen oder aus andern Gründen in sich selbst wenig beweglich gehalten wird, da schwingen die Arme nicht entgegengesetzt, sondern gleichzeitig in demselben Sinne, in dem das Becken rotirt, so dass dessen Drehbewegungen durch sie erst recht auffallend werden.

§ 13.

Untersuchen wir nun den Einfluss der zuletzt erörterten Rotation der Skelettheile um ihre Längsachsen auf die Muskelaktion, so sehen wir, dass das gegenseitig bedingende Verhältniss zwischen Muskelwirkung und Schwere, welches wir bei der vertikalen Oscillation gefunden, auch hier existirt und zwar durch Vermittlung der zwangläufigen Gelenke einerseits, durch welche die Schwerkraft in eine senkrechte und eine horizontale Seitenkraft zerlegt wird; andererseits in Folge der eigenthümlichen Verlaufsrichtung der Muskelfasern, welche, nach links oder rechts gewunden, mit dem Zuge in ihrer Längsrichtung während der Kontraktion auch stets eine drehende Wirkung in dem einen oder andern Sinne verbinden, und somit beide Komponenten der kombinirten Bewegung enthalten.

In der schematischen Darstellung der auf sechs Phasen eines Doppelschrittes vertheilten Aktion der Muskulatur ist der gewundene Verlauf derselben durch spiralige Linien angedeutet, deren entgegengesetzte Richtung durch zwei verschiedene Farben besonders hervorgehoben wird.

Dabei ist der anatomischen Form der Muskel-Einheiten soviel wie möglich Rechnung getragen, und es wird nicht schwer sein, in dem Schema das Bild wieder zu erkennen, welches die blossgelegte Muskulatur des Leichnams darbietet. Auch bei Vergleichung mit den Muskelbildern eines anatomischen Atlas wird der Leser sich leicht orientiren.

Die Muskeln winden sich entweder direkt auf den Knochen auf oder in einiger Entfernung von dessen Oberfläche auf die Peripherie der ihn bedeckenden Weichtheile; oder die zu Bündeln vereinigten Fasern wickeln sich um sich selbst und um ihre Sehnen auf, und dies wieder entweder in ihrer ganzen Länge gleichmässig oder mehr in der Nähe einer Insertionsstelle.

Je nach diesem Verhalten verleihen die Fasern eines anatomischen Muskels diesem eine bestimmte äussere Form und man unterscheidet darnach fächerförmige, cylindrische, runde, dicke, platte, breite Muskeln u. s. w.

Beide Windungsrichtungen sind sowohl am Stamme, wie an den Extremitäten in annähernd gleicher Stärke vertreten.

Dreht sich nun ein Knochen während seiner vertikalen Oscillation auch noch abwechselnd um seine Längsachse nach rechts und links, so werden diejenigen Fasern, welche, von ihm aus an benachbarte Knochen hinziehend, eine mit der Drehung übereinstimmende Windungsrichtung besitzen, stärker gewunden, während die der entgegengesetzten Richtung aufgedreht werden.

Da nun aber das Zusammenwinden einen dehnenden Effekt auf die Fasern hat, das Aufdrehen aber einen entspannenden, so ist die horizontale Oscillation der Knochen, resp. ihre Drehung um ihre Längsachsen, von ebenso grosser Wichtigkeit für das Zustandekommen von Muskeldehnung und Kontraktion, als die vertikale Drehung um ihre Querachsen, und da der Ablauf der beiden Oscillationen zeitlich nicht zusammenfällt, vielmehr, wie sich später ergeben wird, das Ende der horizontalen Exkursion nahe auf die Mitte der vertikalen trifft und umgekehrt, so wird sich aus der Kombination des Einflusses der beiden Rotationen auf Spannung und Entspannung von Muskelfasern die Reihenfolge, in welcher sich diese an der Aktion betheiligen noch genauer ermitteln lassen, als es bei Berücksichtigung der vertikalen Bewegung allein geschehen konnte.

§ 14.

Bevor ich jedoch auf die Erörterung der gegenseitigen Beziehungen zwischen Muskelthätigkeit und doppelter Rotation der Knochen um ihre Längs- und Querachsen bei der hier als typisch aufgestellten Gangart eingehe, sei es mir erlaubt, noch Einiges zur Begründung der ihr eigenthümlichen Gelenkbewegungen und Knochenstellungen zu bemerken.

Vor Allem wird es der Weber'schen Theorie gegenüber auffallen, dass das hintere abstossende Bein keine Kniestreckung, sondern im Gegentheil eine allmälige Zunahme der nach dem Auftreten entstehenden Kniebeugung während des Abstossens und Durchschwingens zeigt.

Die Nothwendigkeit der Kniebeugung ist leicht ersichtlich, wenn man bedenkt, dass das energisch vorgestreckte und nach aussen gedrehte Bein so auf den Boden auftritt, dass die Längsachse seines Fusses mit der Richtungslinie des Ganges einen nach vorn offenen Winkel von etwa 45° einschliesst. Würde von Stellung 4 an, wo der Fuss noch fest und unverrückbar auf dem Boden steht, das Knie gestreckt werden, so würde der in fast vollständiger Extensionsstellung gegen das Becken befindliche Oberschenkelknochen mit seinem Halse auf den hintern Rand der Pfanne zu liegen kommen, während der Schenkelkopf am vordern Rande hervorrollend schliesslich aus der Pfanne herausgehebelt würde, wenn die entsprechende Beckenseite, wie es in Wirklichkeit geschieht, bis zur völligen Streckung im Hüftgelenk in 5 auch noch nach vorn rotirte.

Einer solchen ausrenkenden Gelenkbewegung würden sich die vorderen Kapselbänder (ligam. ilio-femorale) frühzeitig widersetzen und jede weitere Drehung der Beckenhälfte nach vorn unmöglich machen.

Versucht man es, in der bezeichneten Phase des Schrittes das Knie absichtlich zu strecken, so fühlt man sogleich eine hochgradige Spannung in der vorderen Gegend des Hüftgelenks, die sich bei sehr stark auswärts gesetzter Fussspitze bis zur Schmerzhaftigkeit steigern kann, und überzeugt sich leicht von der den Gang alsdann störenden Hemmung der Rotation der betreffenden Beckenhälfte nach vorn.

Die Ursache dieser auffallenden Schiefstellung des Schenkelhalses gegen die Ebene des Pfannenrandes bei Streckung des Hüftgelenks liegt in der Verschiedenheit der Stellung der Pfanne bei verschiedenen Graden von Beckenneigung. Bewegt man das Becken um die, beide Pfannen verbindende und die Gehrichtungslinie rechtwinklig schneidende Gerade als Achse gegen das senkrecht gestellte Femur zur Streckung und Beugung, so wird bei letzterer, wenn sie bis zu dem Grade, wie in Stellung 1 ausgeführt wird, die Ebene des Pfannenrandes nach aussen, unten und hinten, bei Streckung, wie in Stellung 5 dagegen nach aussen, unten und vorn sehen.

Behält also der Schenkelhals seine Stellung gegen den Pfanneneingang, welche in ersterm Fall senkrecht gegen denselben gerichtet war, auch im zweiten bei, so wird er in die erwähnte Schiefstellung gegen ihn gerathen. Um diese, resp. deren Uebermass zu vermeiden, muss sich der Schenkelhals, der Bewegung der Pfanne folgend, mit seinem äussern Ende nach vorn drehen, d. h. das Femur muss um seine Längsachse oder um eine mit deren Richtung annähernd übereinstimmende Achse nach innen rotiren. Die Relation zwischen Beckenneigung und Rotation des Femur um seine Längsachse, sowie die Promptheit der auf sie bezüglichen Muskelfunktionen tritt auch beim einfachen Stehen hervor, wo wir an den Veränderungen der Biegung der Lendenwirbelsäule bemerken, wie die Beckenneigung bei Drehung der Fussspitzen nach aussen oder zur Parallelstellung der Füsse nach innen, sofort zu- oder abnimmt — eine Thatsache, auf welche bereits mehrere Autoren aufmerksam gemacht haben.

Bei der berechtigten Voraussetzung, dass starke Spannungen der Kapsel und deren Bänder während des Gehens vermieden werden und in Rücksicht auf die Abwesenheit jedes Gefühls von Dehnung oder Zerrung von Gelenktheilen selbst bei hochgradig forcirten Exkursionen der einzelnen Glieder wird man wohl annehmen dürfen, dass die Abweichungen des Schenkelhalses von der senkrechten Richtung gegen die Ebene des Pfannenrandes sich in sehr mässigen Grenzen halte, und ersterer, den Bewegungen der Pfanne entsprechend, zur Hüftstreckung im abstossenden Bein nach vorn und zur Beugung im vorschwingenden nach hinten rotire.

Ohne Zweifel würden auch die direkt betheiligten stark gedehnten, erregten Muskeln sofort zu so energischer Kontraktion angeregt werden, dass es ohne plötzliche äussere Gewalteinwirkung nicht zu einer so ausrenkenden Gelenkstellung kommen könnte, wie wir sie bei dem oben angeführten Versuche der Kniestreckung im abstossenden Bein unter Unterbrechung der Gehbewegung absichtlich herbeiführen.

Auch mit der auf den grossen Rollhügel aufgelegten Hand kann Jeder sich zur Genüge von der Existenz der eben entwickelten Rotationsbewegung des Schenkelhalses überzeugen. Da nemlich das Femur nach dem Auftreten des Beins nach innen rotirt, so müsste es sich bei einer Kniestreckung im abstossenden Bein nach aussen drehen, um wieder in Streckstellung gegen die Tiba wie in 1 zu gerathen. Beim Durchschwingen würde es dann zum zweiten Mal nach innen und ebenso beim Vorstrecken wieder nach aussen rotiren.

Eine solche zweimalige Rotationsbewegung des grossen Rollhügels während eines Doppelschrittes ist aber bei keiner natürlichen Gangart zu fühlen. Vielmehr findet ganz unverkennbar nur ein einmaliges Vor- und Zurückgehen des grossen Rollhügels statt.

Wenn sich nun aber das Femur im auftretenden und abstossenden Bein nach innen dreht, indessen der Fuss seine stark nach aussen gekehrte Stellung bewahrt, so muss sich das Knie beugen, weil der höchste Grad der möglichen Einwärtsdrehung des Femur während der Streckung in 1. schon gegeben und eine fernere Rotation nach innen nur bei gebeugtem Knie möglich ist.

Und in der That ist eine Kniestreckung im abstossenden Bein niemals zu sehen, so oft und so lange wir in dieser Gangart Gehende beobachten mögen, während der geringste absichtliche Versuch dazu als sofort auffällige Störung der normalen Gehbewegungen bei Andern erkannt und bei sich selbst empfunden wird.

Auch liegt in der Erfahrung eines Jeden der Begriff der Stetigkeit und Gleichmässigkeit der Bewegungen der Glieder beim tadellosen Gehen, so dass er unvermittelte plötzliche Uebergänge von Beugung in Streckung und umgekehrt, wie z. B. eine plötzliche starke Beugung des extrem gestreckten Kniegelenks zum Zwecke der Aufhebung der Fussspitze vom Boden, oher als ein Zeichen von Muskelschwäche oder anderer fehlerhafter Zustände auffasst.

Der Grund dafür, dass sich die der Weber'schen Theorie so nöthige Hypothese der Kniestreckung im abstossenden Bein, als einem normalen Gange überhaupt eigenthümlich, so lange erhalten konnte, liegt in dem Umstande, dass bei der Gangart mit einwärts gedrehten Fussspitzen, deren Charakteristik ich später zu geben versuchen werde, in Uebereinstimmung mit den auf andere Zeitabschnitte eines Doppelschrittes fallenden Ein- und Auswärtsrotationen der Glieder auch Streckung und Beugung des Knie's auf andere Momente fallen, und dass dort das im Knie gebeugt auftretende Bein sich wenigstens im Beginn des Abstossens im Knie wieder streckt. Doch dauert auch diese Streckung nicht bis zum Ende des Aufstehens, und macht, bevor die Fussspitze den Boden verlässt, wieder einer Beugung im Knie Platz.

H. v. Meyer hat in seinem Aufsatz „Ueber die Kniebeugung im abstossenden Beine und über die Pendelung des schwingenden. Beins im gewöhnlichen Gange" die Kniebeugung beim Abstossen als Bequemlichkeits-Element für die gebräuchliche Gangart aufgefasst, welches einem schlaffen und schwächlichen Gange mehr, einem kräftigen und energischen dagegen weniger zukomme.

Er ging hiebei von der schrägen Neigung des Femur des im Knie gestreckten abstossenden Beins nach hinten aus, welche eine starke Neigung des mit ihm in extremer Streckstellung vereinigten Beckens nach vorn herbeiführe. Auf diesem müsse dann der Rumpf durch den m. sacrolumbalis unter Einknickung der Lendenwirbelsäule aufrecht erhalten werden.

Da in Folge der Kniebeugung die Neigung des Femur im abstossenden Bein abnehme, so werde auch diejenige des Beckens geringer und die Aktion des m. sacrolumbalis auf solche Weise beim gewöhnlichen Gehen geschont.

Allerdings ist ein in Hüfte und Knie gestrecktes, mit der Fussspitze den Boden noch berührendes hinteres Bein ein Hinderniss für die Aufrichtung des Beckens; aber die Aktion der Hüft- und Kniestrecker ist, wie sich bei Erörterung der Funktionen der einzelnen Muskeln während des Gehens ergeben wird, schon vorüber, wenn das hintere Bein in die Periode des Abstossens tritt. Das Aufhören der Kontraktion des m. glutaeus maximus des hintern Beins in dieser Periode ist an der sich verlierenden Härte desselben mit der Hand leicht zu konstatiren.

Beugung im Knie und damit geringere Schrägstellung des Femur im abstossenden Bein kann also schon eintreten, wenn das Becken noch stark nach vorn geneigt, und der m. sacrolumbalis noch in voller Thätigkeit ist.

Aus diesem Grunde und nach dem, was ich oben über die Nothwendigkeit der Kniebeugung angeführt habe, möchte ich eher annehmen, dass diese die Regel sei und einem energischen Gange mindestens ebensogut angehöre als einem schlaffen.

Die Br. Weber lassen das Knie beim Vorschwingen strecken, beim Auftreten beugen, beim Abstossen wieder strecken und beim Durchschwingen wieder beugen.

Die erste Streckung geschieht unter denselben günstigen Verhältnissen, wie diejenige unserer Gangart, wo der entlastete Unterschenkel mit Fuss gegen den Oberschenkel bewegt wird. Bei der zweiten Streckung aber haben die Muskeln die volle Schwere des Rumpfes sammt dem andern schwingenden Bein zu überwinden.

Das von den Br. Weber geforderte Prinzip der geringsten Muskelanstrengung beim Gehen dürfte demnach seine Anwendung eher auf unsere Gangart finden, bei welcher die Streckmuskeln während des Aufstehens nur eine zu starke Rumpfsenkung zu verhüten haben.

Auch im Hüftgelenk findet trotz der zweimaligen Neigung und Aufrichtung des Beckens nur ein einmaliger Wechsel zwischen Beugung und Streckung statt, weil gleichzeitig mit der Beckenneigung auch die Schiefstellung des Femur nach hinten zunimmt.

Das Maximum der Beugung im Hüftgelenk fällt auf Stellung 1, von wo an die Streckung wieder beginnt, um in 5 den höchsten der Gangart angehörigen Grad zu erreichen. Bis 2 nimmt zwar die Beckenneigung noch etwas zu, wie aus der stärkern Einbiegung der Lendenwirbelsäule im Moment des Niedertretens des Fusses zu erschliessen ist. Allein die Winkelbewegung des sich dabei aufrichtenden Oberschenkels ist grösser als diejenige des Beckens, so dass im Ganzen das Gelenk sich schon wieder zu strecken beginnt.

Aus der Zeichnung ist dies nicht ersichtlich, weil die Exkursionen des Beckens, um sie besser hervortreten zu lassen, der Wirklichkeit gegenüber etwas übertrieben sind. Desshalb ist auch in 5 die Beckenneigung für das Maximum der Streckung etwas zu gross.

Die verhältnissmässig langen Hebelarme des sich nach allen Dimensionen ausdehnenden Beckens erfordern eben nur sehr kleine Exkursionen zur Erzielung der nöthigen Muskelspannung, und jene werden ausserdem um so geringer sein müssen, je besser innervirt und je leistungsfähiger die Muskeln selbst sind.

Desshalb sind die Beckenbewegungen gerade beim festen und sichern Gange muskelkräftiger, gut gebauter Menschen am wenigsten auffallend, während sie desto stärker hervortreten, je unregelmässiger die Gangart und je schwächer entwickelt und schlaffer die Muskulatur ist.

Es gewinnt so den Anschein, als wären sie überhaupt nur bei fehlerhaftem Gehen vorhanden, und die Br. Weber stellen sogar vollständige Unbeweglichkeit des Beckens beim Gehen als Bedingung für dessen normales Verhalten hin.

Wie Knie und Hüfte, so beugt und streckt sich auch das Fussgelenk während eines Doppelschrittes normaler Weise nur einmal.

Das Maximum der Beugung (Dorsalbeugung) zwischen Unterschenkel und Fuss fällt zwischen 3 und 4, wo die Ferse sich wieder vom Boden abhebt. Die Streckung ist in 6 vollendet und die jetzt beginnende Beugebewegung wird auch beim Niedersetzen des Fusses nicht unterbrochen, da dieser ganz allmälig nach Massgabe der zunehmenden Neigung des Unterschenkels nach vorn bis zum vollen Aufstehen seiner Sohlenfläche heruntertritt.

Analog den knikenden Bewegungen in Hüfte und Knie sieht man freilich auch hier ein plötzliches Niederklappen des mit der Ferse aufgesetzten Fusses in den Fällen, in welchen aus irgend einem Grunde die Muskeln ihren Funktionen nur mangelhaft genügen.

Wie es sich mit der von den Br. Weber behaupteten Verlängerung des Schrittes um die ganze Fusslänge verhält, ist ebenfalls aus den Zeichnungen zu sehen. Selbst bei dem, volle sieben Fusslängen betragenden Doppelschritt unserer Gangart ist die Ferse nur wenig vom Boden abgehoben in dem Augenblick, in welchem das andere Bein durch Auftreten eine fernere Vergrösserung des Schrittes unmöglich macht.

Wenn diese hier nur den Betrag der Horizontalprojektion des kurzen vertikalen Bogens erreicht, welchen die Gegend des Fussgelenks durchlaufen hat, so fehlt sie vollends bei der gewöhnlichen Art des Gehens, bei der die Ferse des hintern Fusses den Boden erst verlässt, wenn diejenige des vordern ihn berührt.

§ 15.

In Taf. II B sind die in Kontraktion befindlichen Muskeln des linken Beins eingezeichnet. Die Dauer der Kontraktion der einzelnen Muskeln begreift den ganzen Zeitraum der Annäherung ihrer Ursprünge und Ansätze, wie er sich aus der hier dargestellten Gelenkbewegung im Sinne der doppelten Rotation ergiebt.

Wenn wir durch direkte Beobachtung an uns selbst und bei Andern finden, dass die meisten Muskeln und Muskelgruppen, welche hier eingezeichnet sind, sich auch wirklich in den dargestellten Momenten kontrahiren, was abgesehen von experimentellen Hilfsmitteln theils durch die aufgelegte Hand, theils durch das Auge geschehen kann, so haben wir in dieser Uebereinstimmung einerseits einen Beweis für die Richtigkeit der in den Bildern gegebenen Auffassung der Bewegungen beim Gehen; andererseits für den von uns als wahrscheinlich angenommenen, rein mechanischen Modus des Weiterschreitens der Kontraktion von Muskel zu Muskel, speziell für die unmittelbare Abhängigkeit dieser letztern von vorausgegangener Dehnung.

Um aber diese Kontrole an sich selbst oder an Andern richtig vorzunehmen, genügt es nicht, aus dem Gehen oder aus der aufrechten Stellung heraus die einzelnen Phasen der Gehbewegung nachzuahmen und darin zu verharren, da hiebei der Wegfall der verschiedenen während des Gehens vorhandenen Geschwindigkeiten in der Richtung der Fortbewegung das Verhältniss zwischen Schwere und Muskelkraft erheblich alterirt und ausser andern Ursachen der Wille schon desshalb aktiv eingreifen und noch andere Muskeln in Thätigkeit versetzen muss, weil mit der Herbeiführung der gewünschten Stellung sofort auch eine ganze Reihe der dabei betheiligt gewesenen Muskelfasern entspannt ist.

Die Beobachtungen müssen vielmehr während des Gehens gemacht werden, und es ist nothwendig, dass die zu untersuchende Gangart dem Gehenden zur Gewohnheit geworden ist und dieser selbst dabei nicht ermüdet.

Störende Mitbewegungen durch direkten Nerveneinfluss werden um so leichter vermieden werden, wenn das Gehen im Freien stattfindet und weder Belastung, Wind, Terrainschwierigkeiten noch Hindernisse irgend welcher anderer Art zu überwinden sind.

Dient ausserdem das Gehen einem von der anzustellenden Untersuchung unabhängigen Zweck, der eine gewisse Willensanstrengung erfordert, so ist mit dieser zugleich eine stärkere Innervirung der Muskulatur gegeben, deren Konstanz durch die als Nebenzweck erscheinende Aufmerksamkeit auf die Gehbewegungen weniger alterirt wird, als wenn diese ihrer selbst wegen in irgend einem beschränkten Raume unternommen werden, in welchem der Gehende nur auf wenige Schritte angewiesen ist.

Der Erörterung der Aktionen der Muskeln während der einzelnen Phasen der Beinthätigkeit habe ich jeweils eine kurze anatomische Notiz über ihren Ursprung, Ansatz und Verlauf beigefügt, der ich grösstentheils die Darstellung der Muskeln im anatomischen Handbuche von Henle zu Grunde legte, in welchem der äussere Bau derselben, ihre Schichtung und Faserung in Bild und Wort in gleich ausgezeichneter Weise zum Ausdruck gelangt sind.

Da die Kontraktionen sich in mehr als einer Richtung von Muskel zu Muskel fortpflanzen, und eine erläuternde Darstellung verschiedener gleichzeitig sich entwickelnder und gegenseitig von einander abhängiger Reihen von Thätigkeiten zu öftern Wiederholungen führen würde, so ziehe ich es um so mehr vor, die Reihenfolge ihrer Besprechung beliebig zu wählen, als die Zeichnung das hier gesondert Behandelte wieder zum Ganzen zusammenfügt.

§ 16.

Wenn das linke Bein von St. 6, Taf. II A. bis St. 1 unter Auswärtsdrehung der Fussspitze energisch nach vorn schwingt, so fühlt man unter der noch weichen Fleischmasse des grossen Gesässmuskels eine länglich wulstige Erhebung hinter der Spitze des grossen Rollhügels, deren Sitz und Richtung dem Verlaufe der tiefen äussern Rollmuskeln des Femur entspricht.

Es sind dies der innere Hüftlochmuskel, *m. obturator internus*, der vom innern Umfang des Foramen obturatorium und dem dasselbe ausfüllenden Bande entspringt, sich gegen das Foramen ischiadicum minus zu einer rundlichen Sehne zusammendrängt, und nach Austritt aus dem Becken vom tuber und der spina ischii her die beiden Zwillingsmuskeln, *m. gemelli*, aufnimmt — und der birnförmige Muskel, *m. pyriformis*, welcher von der Vorderfläche des Kreuzbeines stammend durch das Foramen ischiadicum majus anstritt, und welche beide sich an der medianen Grube des grossen Rollhügels ansetzen. Zu ihnen gesellt sich nach unten vom m. obturatur int. der viereckige Schenkelmuskel *m. quadratus femoris*, der zwischen dem tuber ischii und der Verbindungsleiste zwischen dem grossen und kleinen Rollhügel ausgespannt ist.

Während der Rotation des Femur nach innen bis vor 6, bei welcher der grosse Rollhügel in einem Bogen sich nach vorn bewegt, erfahren diese Muskeln einen hohen Grad von Dehnung, auf welche sogleich ihre Zusammenziehung folgt, die das vorschwingende Femur nach aussen rollt.

Die beträchtliche Masse dieser Muskeln weist auf die Bedeutung der Rotation des Femur um seine Längsachse für den Mechanismus des Gehens hin.

In Folge der Rotation des Femur nach aussen werden der mittlere und kleine Gesässmuskel, *mm. glutaeus medius* und *minimus*, welche von der äussern Fläche des Darmbeins herab ihre Fleischfasern fächerförmig gegen ihre Insertion an der Spitze des grossen Rollhügels konvergiren lassen, torquirt und die hiedurch entstehende Dehnung der genannten Muskeln wird noch gesteigert durch die Senkung der Trochanterspitze während der Erhebung des Femur-schaftes.

Sobald das vorgestreckte Bein aufgetreten ist, (unmittelbar nach 1) werden sie sich daher durch Kontraktion wieder aufdrehen und das Becken in seine frühere relative Stellung gegen das Femur zurückzuführen suchen, indem sie das linke Darmbein seitlich und etwas nach hinten gegen die Trochanterspitze herabziehen und die rechte Beckenseite mit dem schwingenden rechten Bein heben und nach vorn drehen.

Das Anschwellen dieser Muskeln zwischen 2 und 5 ist mit der auf die äussere Darmbeinfläche aufgelegten Hand leicht wahrzunehmen. Ebenso über-zeugt man sich dabei, dass die Kontraktionsbewegung von hinten nach vorn vorschreitet, und dass die vordersten Bündel noch kontrahirt sind, wenn die linke Beckenseite um den Schenkelkopf des eben aufgetretenen rechten Beins wieder nach oben und vorn zu rotiren beginnt. Wurde sie anfangs gegen den grossen Rollhügel des Femur gezogen, so wird dieser jetzt umgekehrt von jener aus nach vorn und das Femur damit einwärts rotirt.

Zu dieser letztern Aktion der vordern Bündel des m. glutaeus medius gesellt sich diejenige des Spanners der breiten Schenkelbinde, *m. tensor fasciae latae*, welcher die Rotation des Femur nach innen vollendet. Er verläuft von der spina iliaca anterior superior lateral- und abwärts zur fascia lata femoris. Seine Fasern kreuzen sich mit denjenigen des grossen Gesässmuskels, durch dessen Kontraktion er bis vor 5 gedehnt wurde. Von hier an erhält er durch die Drehung seiner Beckenseite nach vorn einen weiteren Spannungszuwachs, in Folge dessen er nach Fixirung und Aufrichtung des Beckens auf dem rechten Bein das Vorschwingen des Femur unter Rotation nach innen bis 6 unterstützt. Auch für die zufühlende Hand geht die Kontraktion von dem mittleren und kleinen Gesässmuskel auf den Spanner der breiten Schenkelbinde und von diesem auf den Schneidermuskel, den *m. sartorius* über, dessen sehniger Ursprung an der spina iliaca anterior superior sich unmittelbar nach dem Abstossen der Fussspitze aus der Tiefe des äussern und obern Theils der Leistengrube erhebt. Der spiralig über die vordere Fläche des Oberschenkels median- und abwärts-ziehende lange Muskelbauch schwillt während des Vorschwingens merklich an. Bei seiner oberflächlichen Lage ist er leicht zu betasten und wenn man ihn in stark kontrahirtem Zustande bei versuchsweisem Ueberschlagen des Schenkels über den andern einmal gefühlt hat, ohne Schwierigkeit wieder erkennbar. Die zu seiner Kontraktion erforderliche Spannung erhält der Muskel durch die Aufrichtung des Beckens, nachdem er zuvor auf das einwärts rotirende Femur aufgewickelt und gedehnt wurde. Seine Hauptaktion fällt in die erste Hälfte der Schwingung zwischen 5 und 6, wo er die Beugung des Unterschenkels im

Knie durch Zug am obern Ende der Tibia unter gleichzeitiger Rotation derselben nach innen unterhält.

§ 17.

Wie die Beugung und Auswärtsrollung des Femur zur Hebung und Drehung der rechten Beckenseite nach vorn geführt hat, so wird wieder durch diese beiden Akte die Streckung der Hüfte, resp. die Aufrichtung des Beckens herbeigeführt. Am hintern Umfang desselben — am hintern Theil der äusseren Darmbeinlefze, an der fascia lumbodorsalis, dem Seitenrand des Steissbeins und dem ligamentum sacro-tuberosum — entspringt der grosse Gesässmuskel, *m. glutaeus maximus*, und setzt sich, mit seinem obern Rand über den m. glutaeus medius, mit seinem untern über das Fettpolster des Dammes weg nach aussen und unten ziehend, theils an der breiten Schenkelbinde, theils am äussern Schenkel der rauhen Linie des Femur an.

Die Form des Muskels ist die einer Raute, da sowohl der obere und untere Rand desselben, als auch die Ursprungs- und Insertionslinien seiner Fasern annähernd parallel verlaufen. Letztere drehen sich, wenn das Bein in 6 nach vorn schwingt und das Becken sich von hier an wieder neigt, in entgegengesetzt vertikaler Richtung, torquiren also den grossen Gesässmuskel; und mit der Umkehr der horizontalen Beckenrotation in 1, der zufolge sich die rechte Beckenhälfte nach vorn kehrt, entsteht ein weiteres Dehnungsmoment, zu welchem sich sofort nach dem Auftreten des Beins auch die Rotation des Femur nach innen gesellt.

Die Spannung des torquirten Muskels, dessen beide Enden sich in horizontaler Richtung von einander entfernen, wird hierdurch so gross, dass er das Becken in 2 aufzurichten und damit das Hüftgelenk zu strecken beginnt.

Unmittelbar nach 4 ist diese Streckung beendigt und der jetzt detorquirte Muskel muss sich nun entspannen, da jetzt auch die horizontale Beckenrotation, welche seine Spannung während der Zusammenziehung unterhielt, wieder umkehrt. Wir überzeugen uns leicht während des Gehens, dass die in 2 beginnende, an der starken Verdichtung und Anschwellung erkennbare Kontraktion des linken grossen Gesässmuskels bis nach 4 anhält, wo er mit dem Rest seiner verkürzenden Kraft die Umkehr der horizontalen Oscillation des Beckens einleitet, indem er die rechte Beckenseite wieder nach hinten, die linke aber nach vorn dreht, welche Drehung nachher vom linken abstossenden Bein weitergeführt wird.

In der Aufrichtung des Beckens wird der grosse Gesässmuskel vom grossen Beizieher und dem zweiköpfigen Schenkelmuskel unterstützt.

Legt man während des allmäligen Uebergangs von St. 2 in St. 5 die flache Hand auf die Innenfläche des Oberschenkels, so fühlt man eine von hinten nach vorn vorschreitende Kontraktionsbewegung, welche der Adduktorengruppe angehört.

Der *m. adductor magnus*, der grosse Beizieher des Schenkels entspringt vom tuber ischii und dem aufsteigenden Sitzbeinast, sowie vom absteigenden Schambein und setzt sich an der linea aspera bis herab zum innern Femurkondylus an. Sein hinterer Theil wird schon gedehnt durch die Entfernung des untern Femurendes vom tuber ischii beim Ausschreiten des Beins. Diese Dehnung wird nach dem Auftreten verstärkt durch die Abduktionsbewegung des Beckens (mm. glut. med. und minim.), durch welche das tuber ischii sich medianwärts vom Femur entfernt. Er zieht jetzt indem er sich kontrahirt, vom fixirten Femur aus das tuber ischii herab und trägt so zur Streckung des Hüftgelenks bei.

Indem nun aber hierdurch der vordere Theil des Beckens unter fortdauernder Abduktionsbewegung desselben sich erhebt, werden auch die Adduktoren der vordern innern Oberschenkelfläche, die *mm. adductor longus, adductor brevis* und die vordere Hälfte des *m. adductor magnus*, sowie der *m. pectinaeus* in Spannung versetzt, welche vom horizontalen und absteigenden Schambeinaste zum Femur ziehen und sich von dessen kleinem Trochanter an abwärts der linea aspera entlang ansetzen. Diese ziehen desshalb die rechte Beckenseite in 4 wieder herab, so dass das rechte Bein zum Auftreten gelangt, um endlich mit dem allmäligen Vorrücken der Schwerlinie über den rechten aufgetretenen Fuss ihre Zugsrichtung ändernd, das untere Ende des linken Beins gegen die Medianlinie hin zu dirigiren.

Der zweiköpfige Schenkelmuskel, *m. biceps*, entspringt gemeinsam mit dem halbhäutigen, *m. semimembranosus*, vom Sitzknorren und geht zum Köpfchen des Wadenbeins, der tuberositas patellaris tibiae und der Fascie des Unterschenkels herab. Seine Fasern sind am linken Bein nach rechts gewunden (nach gewöhnlicher Bezeichnung) und der Theil derselben, welcher sich zu den beiden letztgenannten Insertionsstellen begibt, windet sich in diesem Sinne von der äussern gegen die vordere Fläche der Tibia hin.

Die Fasern des m. semimembranosus sind denjenigen des m. biceps entgegengesetzt gedreht und ihre Sehne zieht in der Richtung dieser Drehung von hinten und innen ebenfalls nach der Vorderfläche der Tibia.

Beide Muskeln werden während des Vorschreitens des linken Beins gedehnt, indem sich ihre obern und untern Insertionen zwischen 6 und 1 in vertikal entgegengesetzter Richtung um die beiden Enden des Femur drehen. Nach dem Auftreten des Beins rotirt aber das linke tuber ischii der Beckendrehung entsprechend in der Windungsrichtung der aufsteigenden Bicepsfasern, windet damit diese von oben her stärker übereinander und dehnt sie, indessen sich die entgegengesetzt gewundenen Fasern des semimembranosus aufdrehen und entspannen. Da ausserdem das tuber ischii von 2 bis 4 sich medianwärts vom Femur und der Insertionsstelle des biceps entfernt, so wird bis dahin die Spannung desselben eine bedeutend grössere sein und ihm somit die Arbeit allein zufallen. Er wird also die beckenaufrichtende Aktion des grossen Gesässmuskels unterstützen, die sofortige Einwärtsrotation des Unterschenkels, und nach Passiren der vertikalen Stellung in 3 das Ueberfallen des Femur nach vorn verhindern und durch Abduktion desselben von seiner Insertionstelle aus den Schwerpunkt des Körpers über den aufgetretenen Fuss leiten, in welchen Funktionen er durch seinen kurzen Kopf unterstützt wird, welcher vom Schafte des Femur entspringend abwärts zur gemeinschaftlichen Sehne zieht.

Die Schwellung und Verdichtung seines Muskelbauches am äussern Theil der Hinterfläche des Oberschenkels unterhalb des untern Randes des grossen Gesässmuskels ist zwischen 2 und 3 ebenso gut zu fühlen, als in dieser Periode das starke Hervorspringen seiner Sehne am Knie für das Auge wahrnehmbar ist.

Von 4 an entfernt sich das linke tuber ischii von der Median-Ebene weg wieder nach aussen und hinten und dreht sich zugleich, der Umkehr der Beckenrotation entsprechend, im Sinne der Faserwindung des m. semimembranosus, so dass dieser jetzt in Funktion tretend den Unterschenkel nach innen rotirt.

Da das Vorschwingen des Femur schon beginnt, bevor die Fussspitze den Boden verlässt, der Effekt dieser Femurbewegung auf den m. semimembranosus aber derselbe ist, wie derjenige der Erhebung des tuber ischii, so wird der Muskel durch sie auf einer Spannung erhalten, die ihn befähigt, Unterschenkel und Fuss vom Boden abzuheben, sobald der Schwerpunkt des Körpers auf dem vordern eben aufgetretenen rechten Fusse ruht.

Wie beim auftretenden Bein die Bicepssehne, so prominirt jetzt beim Aufheben desselben vom Boden die Sehne des m. semimembranosus in einer während des Gehens deutlich sichtbaren Weise auf der hintern und inneren Seite des Knie-Endes vom Oberschenkel.

Eine Beihülfe erhält der Muskel in der gleichzeitigen Thätigkeit des mit ihm gleich verlaufenden *m. semitendinosus*, sowie von Seite des bereits erwähnten Muskels der Vorderfläche des Oberschenkels, des m. sartorius, der den Unterschenkel hebt und einwärts dreht.

Während sich die eben genannten hintern Muskeln entspannen, bereiten sie die jetzt folgende Aktion des gemeinschaftlichen Kniestreckers, des *m. quadriceps femoris*, auf der vorderen Fläche des Oberschenkels vor.

Der *m. rectus femoris*, welcher über Hüft- und Kniegelenk hinweggeht, ist im Stadium der stärksten Dehnung. Sein Ursprung, die spina iliaca anterior inferior und der obere Rand der Pfanne, hat mit der vollendeten Aufrichtung des Beckens den höchsten Stand, während die den übrigen Köpfen gemeinschaftliche Sehne von der auf die hintere Krümmung der Femurkondylen zurückgewicheuen Tibia, an deren tuberositas sie sich unter Vermittlung der Kniescheibe ansetzt, stark nach unten und hinten gezogen wird. Dieser Zug theilt sich auch dem äussern und innern Kopfe des Kniestreckers mit. Die Fasern des innern am Femur entspringenden Kopfes sind nach links gewunden und durch die bis vor 6 erfolgte Einwärtsrotation des Femur auf diesen aufgerollt worden, während die nach rechts gedrehten Fasern des äussern Kopfes abgewickelt wurden. Der stärkeren Spannung des innern Kopfes gemäss wird sich dieser zuerst an dem Vorschwingen des Unterschenkels betheiligen, in welcher Funktion ihn dann der äussere Kopf in dem Maasse ablöst, als durch die Auswärtsrollung des Femur beim Vorstrecken des Beins auch seine Fasern auf jenes aufgerollt, die des innern Kopfes aber abgewickelt werden.

Ist dann der linke Fuss aufgetreten, so wird durch die kniebeugende Bewegung des Unterschenkels nach vorn die Spannung von der gemeinschaftlichen Sehne aus unterhalten, indessen das auf den linken Fuss allmälig hinübergeleitete Körpergewicht, indem es den linken Femurkopf nach hinten herunterzudrücken sucht, ein neues Dehnungsmoment für die Muskelbäuche abgiebt.

Da mit dem Auftreten des Fusses der Muskelzug nach unten gerichtet wird, die Spannung des *vastus externus* aber in Folge der Aufwicklung desselben auf das auswärts gerollte Femur eine grössere ist, als diejenige des *vastus internus*, so wird sich ersterer in hervorragender Weise an der Aufrichtung des Femur auf der Tibia betheiligen. In der That fühlen wir die Härte und Schwellung des vastus ext. sowohl während des Vorschwingens als während der ersten Periode des Auftretens bis zu dem Zeitpunkt, wo das Femur in senkrechter Stellung sich befindet (St. 3).

Es ist nicht unwahrscheinlich, dass die mächtige Entwicklung des äussern Kopfes, der eine oberflächliche und eine tiefe Schichte von je fast der Stärke des innern Kopfes besitzt, mit der grösseren Arbeit im Zusammenhang steht, welche ihm gegenüber der innern Portion zufällt.

Auch die Schwellung des m. rectus ist in der Mitte der vorderen Oberschenkelfläche zwischen St. 6 und St. 1 ohne Schwierigkeit zu konstatiren.

§ 18.

Wenn nach Ueberschreitung der vertikalen Stellung des Unterschenkels durch die Neigung desselben nach vorn die Wadenmuskeln, *mm. gastrocnemius* und *soleus*, deren gemeinschaftliche Sehne sich an der hinteren Fläche der tuberositas calcanei ansetzt, gedehnt werden, so fällt der Grad dieser Dehnung für die beiden Köpfe des m. gastrocnemius nicht gleich aus, da gleichzeitig mit der Vorneigung der Tibia das Femur, an dessen Kondylen die beiden Köpfe entspringen, nach innen rotirt. Der Ursprung des äussern Kopfes am Epicondylus externus wird hierdurch nach vorn, der des innern am Epicondylus internus nach hinten gedreht. Der erstere wird auf seinen Kondylus aufgewickelt und erfährt einen Zuwachs seiner Spannung, letzterer wird abgewickelt und entspannt. An der Entspannung des inneren Kopfes nehmen auch diejenigen seiner Ursprungsfasern Theil, welche auf der hintern Fläche des Knie's verbleibend über die Höhe der Drehachse für die Vertikalbewegung hinauf zum planum popliteum emporreichen, und zwar in Folge der allmälig zunehmenden Kniebeugung vor dem Abstossen des Beins, wodurch ihr oberes und unteres Ende einander genähert werden, während die Spannung des äussern Kopfes, dessen Ursprung sich auf den mit der Drehachse gleich hoch liegenden Epicondylus externus beschränkt, durch die Kniebeugung nicht alterirt wird. Demgemäss sieht man auch während der Hebung der Ferse im abstossenden Bein die äussere in Kontraktion begriffene Hälfte der Wadenmuskeln zu einem starken Wulst verdickt, der sich nach unten ziemlich scharf in einer queren schief nach innen aufsteigenden Linie gegen die Achillessehne absetzt, während die Fleischmasse der inneren Seite noch mehr gleichmässig in's Niveau der Sehne übergeht. Ohne Zweifel trägt in diesem Zeitpunkte auch die Kontraktion der äussern Portion des m. soleus zur Bildung des oben erwähnten Wadenwulstes bei. Vom Köpfchen und der lateralen Kante des obern Drittels der Fibula entspringend, vereinigt sich dieselbe mit der von der linea poplitea und dem innern Rande der Tibia herabkommenden innern Portion zu einer starken Sehne, welche mit der Achillessehne verschmilzt. Von dieser aus wird der m. soleus ebenso wie der m. gastrocnemius beim Vorneigen des Unterschenkels gespannt. Aber wie der äussere Kopf des gastrocnemius durch die Rotation des Femur, so wird auch die äussere Hälfte des soleus durch die nachfolgende Rotation der Tibia in einen höheren Grad von Spannung versetzt, während die innere etwas entspannt wird.

Diese Rotation der Tibia vermittelt der Kniekehlenmuskel, *m. popliteus*, der vom lateralen Epicondylus schief über die Kniekehle herab zum obern innern Rande der Tibia und zur linea poplitea zieht.

Durch die Rotation des Femur nach innen wird er von dem sich nach vorn kehrenden Epicondyl. ext. ans gedehnt, worauf er die Tibia dem Femur einwärts nach rotirt, und mit der allmäligen Entlastung des hintern Fusses vom Körpergewicht bei Hebung der Ferse auch diese lateralwärts in annähernd senkrechte Stellung über die Zehen leitet.

Wie das Femur in den tiefliegenden äussern Rollmuskeln, so hat also auch die Tibia im m. popliteus einen eigenen Drehmuskel, dessen Bedeutung für die Erhaltung des Muskelspiels beim Gehen hier wie dort aus der Mächtigkeit dieser Muskeln erhellt.

Die durch die Kniebeugung im abstossenden Bein gebotene Möglichkeit der Drehung des Femur nach innen und der hiedurch erzielten Steigerung der Energie der Wadenmuskeln für die Streckung des Fussgelenks ist bei der Frage, ob Kniestreckung oder Kniebeugung beim Abstossen einem naturgemässen Gange eigenthümlich sei, wohl zu berücksichtigen und dürfte in Rücksicht auf unser Princip der möglichst geringen direkten Intervention des Willens in den Mechanismus der Gehbewegungen eher zu Gunsten der Beugung sprechen.

Da, wie früher bemerkt, die äussern Köpfe des gastrocnemius und soleus nicht über die Drehachse hinaufreichen, dieselben aber beim abstossenden im Knie sich beugenden Bein allein in Thätigkeit sind, so betheiligt sich der gemeinschaftliche Wadenmuskel, wenigstens bei der hier in Rede stehenden Gangart, nicht bei der Kniebeugung und bleibt diese eine Funktion der mm. semimembranosus und semitendinosus und später der mm. sartorius und gracilis. Sobald diese die Fussspitze vom Boden abgelöst haben, der Fussrücken damit am stärksten gegen den Unterschenkel gestreckt und der Gipfel des hinteren Fortsatzes des Fersenbeins den Kondylen des Femur am nächsten gerückt ist, so ist der äussere Kopf des m. gastrocnemius entspannt, während jetzt durch die nunmehr erfolgende Rotation des Femur nach aussen beim Vorschwingen desselben der Epicondylus internus sich nach vorn kehrt und den an ihm entspringenden Theil des innern Kopfes durch Aufwickeln in Dehnung versetzt. Der übrige über die Drehachse des Gelenks hinaufreichende Ursprungstheil wird durch die gleichzeitig stattfindende Streckung des Knie's gedehnt.

In Wirklichkeit sieht man auch den Wadenwulst beim ausschreitenden Bein auf der innern Seite, während er auf der äussern wieder ausgeglichen ist.

Seine Wirkung kombinirt sich mit derjenigen des vordern Schienbeinmuskels, *m. tibialis anticus.* Dieser entspringt am äusseren Knorren und der äussern Fläche des Schienbeins und vom Zwischenknochenbande, läuft in eine platte

Sehne umgewandelt über das Sprunggelenk hinweg nach innen, um sich am ersten Keilbein und der Basis des Mittelfussknochens der grossen Zehe anzusetzen. Durch die Streckung des Fussgelenks im abstossenden Bein und die Drehung des innern Fussrandes nach unten, beziehungsweise hinten, gedehnt, zieht er sich jetzt nach Hebung der Fussspitze vom Boden in 6 zusammen, dreht die etwas nach aussen gerichtete Fusssohle wieder medianwärts und sucht den Fuss gegen den Unterschenkel zu beugen.

Die Beugung des Fusses als Ganzes erlaubt ihm aber der gleichzeitig thätige innere Kopf des m. gastrocnemius nicht, und beide Muskeln vereinigen nun ihre Wirkung auf die Knochen der Fusswurzel; beide ziehen jetzt an zwei im Fussgelenk in stumpfem Winkel vereinigten Hebelarmen, der eine vorn, der andere hinten, und indem sie sich bis zu einem gewissen Grade das Gleichgewicht halten, fixiren sie den Fuss gegen den Unterschenkel und sichern das Auftreten desselben.

Die Hebelarme bestehen aber aus einzelnen Stücken, dem Talus und Calcaneus einerseits und dem Talus, os naviculare und os cuneiforme I andererseits, welche unter sich und mit den übrigen Knochen der Fusswurzel beweglich verbunden sind, und der nächste Effekt der doppelten Muskelwirkung ist also eine Veränderung der Stellung der Fusswurzelknochen gegeneinander — eine Formveränderung des Fusses. Das Kahnbein wird, der Zugsrichtung des m. tibialis anticus folgend, am Kopfe des Sprungbeines in vertikaler Richtung unter Drehung mit seinem innern Rande nach oben etwas lateral aufwärts verschoben, ebenso das erste Keilbein am Kahnbein und an jenem wieder der erste Mittelfussknochen: der innere Fussrand wird hierdurch gegen die Fussspitze mehr und mehr sich nach aussen hin windend gehoben und das innere Fussgewölbe etwas abgeflacht. Dieser Bewegung müssen auch die beiden andern Keilbeine und das Würfelbein mit ihren Metatarsusknochen folgen, so dass sich der äussere Fussrand entsprechend senkt. Die Senkung des äussern Fussrandes wird nun auch ebenso vom m. gastrocnemius internus bewirkt. Derselbe verschiebt das Fersenbein unter Rotation seines äussern Randes nach unten an der untern Gelenkfläche des zwischen den Knöcheln festgestellten Sprungbeins in der Weise, dass sein hinterer Fortsatz gehoben und etwas vorgeschoben, der vordere gesenkt wird, so dass die Gelenkfläche des Fersenbeins unter derjenigen des Talus hervorrollt und der sinus tarsi sich öffnet.

Die Senkung des processus anterior calcanei mit dem os cuboideum und den oss. metatars. IV et V und die sich den genannten Knochen mittheilende Rotation des calcaneus nach unten vereinigt sich so mit der Hebung und Auswärtsdrehung des os naviculare, os cuneiforme I und os metatarsi I von

Seite des m. tibialis antic. zu gemeinsamer Bewegung. Indem beide Muskeln die Knochen der Fusswurzel und des Mittelfusses bis zum Auftreten in der erwähnten Stellung federnd festhalten, nehmen sie einen Theil des Choc's auf sich, den der auftretende Fuss durch den Gegenstoss vom Boden empfängt.

Sobald nun die Ferse aufgesetzt wird, sucht die Tibia, welche jetzt die Körperlast aufzunehmen beginnt, den vordern Theil des Fusses auf den Boden herabzudrücken, indem sie ihr Gewicht auf den Hebelarm, den das Sprungbein mit dem hintern Fortsatz des Fersenbeines bildet, wirken lässt. Hierdurch würde der Fussrücken von Neuem in starke Streckstellung gegen den Unterschenkel gebracht, wenn nicht der m. tibialis anticus im Verein mit den Extensoren des Fusses, durch die streckende Bewegung in Spannung versetzt, in jedem kleinsten Moment die Streckung mit einer Beugung des Unterschenkels gegen den Fuss beantworten würde.

Demgemäss sieht man auch den vordern Winkel zwischen Fuss und Unterschenkel nach dem Niedersetzen des Beins auf die Ferse bei natürlichem Gehen nicht klaffen, sondern im Gegentheil ganz successive kleiner werden, bis nach dem Verschwingen des andern Beins der höchste Grad der Beugung im Fussgelenk mit der jetzt beginnenden Abhebung der Ferse vom Boden wieder in Streckung übergeht.

Die Muskeln, welche den tibialis anticus in der Beugung des Unterschenkels unterstützen, sind der gemeinschaftliche Zehenstrecker, *m. extensor digitorum communis pedis*, und der lange Strecker der grossen Zehe, *m. extensor hallucis longus*. Ersterer entspringt vom Köpfchen und dem obern Theil des Wadenbeins, dem condylus externus tibiae und dem Zwischenknochenbande, letzterer vom mittleren Theil des Wadenbeins und dem Zwischenknochenbande. Seine Sehne läuft über den Fussrücken auf dem ersten Mittelfussknochen zum letzten Glied der grossen Zehe; diejenige des extensor commun. long. lateral neben dieser in vier bis fünf Stränge gespalten zur Dorsalfläche der übrigen Zehen. Der Zug dieser Muskeln hält die Zehen bis zum vollständigen Auftreten des Fusses auf seine Sohlenfläche in Extension und rotirt die sich neigende Tibia nach innen, indem er den Ursprung der Strecker an der äusseren Seitenfläche des Unterschenkels nach vorn kehrt. Ist dann mit Eintritt des letzteren in die vertikale Stellung der Zeitpunkt eingetreten, wo das Körpergewicht vikariirend für die Muskelaktion eintritt, so sind die Muskeln entspannt, um bei der nachfolgenden Hebung der Ferse durch Dehnung von Neuem für die Kontraktion vorbereitet zu werden.

Die Zusammenziehung der Streckmuskel an der äussern vordern Hälfte des Unterschenkels in den bezeichneten Phasen der Schrittbewegung kann ohne Schwierigkeit sowohl durch das Auge, als durch Betastung bestätigt werden und wird man sich leicht dabei überzeugen, dass sie den höchsten Grad ihrer Energie während der Zeit entfalten, in der die Tibia nach dem Aufsetzen die senkrechte Stellung zu erreichen sucht.

In gleicher Weise ist die Kontraktion der Wadenbeinmuskeln, *mm. peroneus longus et brevis*, an der strangartig anschwellenden Härte dieser Muskeln am untern Drittel des Unterschenkels nach aussen von den Streckern, sowie an dem scharfen Heraustreten der Sehne des oberflächlich gelegenen m. peroneus long. über und hinter dem äussern Knöchel zu erkennen. Letzterer nimmt seinen Ursprung von dem Köpfchen und den zwei obern Dritteln des Wadenbeins, geht hinter dem äussern Knöchel herab über den sulcus ossis cuboidei auf die Plantarfläche des Fusses, und inserirt sich am innern Rande desselben am ersten Keilbein und der Basis des I und II. Mittelfussknochens. Der m. peron. brevis verläuft vom ersteren bedekt, von den beiden untern Dritteln des Wadenbeins ebenfalls hinter dem äussern Knöchel herab zum Höcker des V. Mittelfussknochens.

Beide Muskeln werden durch die Oeffnung des sinus tarsi im ausgestreckten Fuss gedehnt. Nach dem Auftreten ziehen sie das obere Ende des Unterschenkels nach aussen und helfen so die Schwerlinie des Körpers über den aufgetretenen Fuss leiten, wobei der auf ihn entfallende Theil des Körpergewichts ihre Energie unterhält. Von 4 an weicht das Becken mit dem obern Ende der linken Extremität wieder nach rechts ab. Die sich gegen die Medianebene neigende Tibia theilt ihre Bewegung dem Sprungbein mit, das nun wieder den sinus tarsi zu vergrössern sucht. Statt dessen ziehen aber die hierdurch von Neuem gespannten mm. peronei den äussern Rand des sich bereits mit der Ferse hebenden Fusses gegen den äusseren Knöchel herauf und schliessen hiebei den sinus tarsi vollständig bis zur Ablösung der Fussspitze vom Boden.

§ 19.

Wenn wir nun sehen, dass sämmtliche Muskeln, deren Kontraktion in den ihnen zugewiesenen Phasen der Schrittbewegung durch das Gesicht oder Gefühl nachweisbar ist, der von uns geforderten Bedingung einer ihrer Aktion vorhergehenden Dehnung genügen, so dürfen wir wohl auch umgekehrt den Kontraktionszustand für diejenigen tiefgelegenen Muskeln annehmen, deren Thätigkeit sich zwar der unmittelbaren äusseren Wahrnehmung entzieht, für welche aber die Bedingungen für die Erhöhung ihrer Spannung durch Rotation der Skelettheile um vertikale und horizontale Achsen in den entsprechenden Zeitabschnitten unzweifelhaft gegeben sind. Wir sind hiezu um so mehr berechtigt, wenn in den bezeichneten Momenten Bewegungen ausgelöst werden, deren

Zustandekommen auf keine andere Kraft zurückgeführt werden kann, als eben auf die Aktion dieser Muskeln.

Wenn der grosse Gesässmuskeln der rechten Seite das Becken von 5 an auf dem rechten Bein aufrichtet, so führt jenes damit zugleich eine Streckbewegung gegen das linke Femur aus, durch welche der über die vordere Fläche des Hüftgelenks herabziehende Lenden-Darmbeinmuskel *m. ilio psoas*, gedehnt wird. Der mediale Kopf desselben, m. psoas major, entspringt von den Querfortsätzen und den Seitenflächen des letzten Brustwirbels und der vier obern Lendenwirbel; der laterale, m. iliacus, von der Innenfläche des Darmbeins. Die gemeinschaftliche Sehne befestigt sich am kleinen Trochanter, der sich beim abstossenden einwärtsrotirenden Bein bereits stark nach hinten gedreht, also auch von unten her durch Aufwickeln der Sehne die Spannung der beiden Köpfe erhöht hat. Wenn also dieser doppelten Dehnung die Vorschwingung und Auswärtsrollung des Femur folgt, so werden wir kein Bedenken tragen, diese Bewegungen, besonders aber diejenige des Vorschwingens, der Aktion des m. iliopsoas zuzuschreiben, der vermöge seines vortheilhaften Angriffspunktes und seiner günstigen Lage letzterer Funktion wie kein anderer Muskel genügen kann.

Wie die Sehne des m. iliopsoas in 5 sich von vorn her um den Schenkelhals aufwickelt, so wickelt sich der *m. obturator externus*, der vom foramen obturatorium hinter dem Schenkelhals hinauf zur Grube des grossen Trochanters zieht, von hinten her um jenen auf, und wenn der iliopsoas durch Zug von oben her den kleinen Trochanter nach vorn und aufwärts zieht, so zieht der obturator ext. durch Zug von unten her die Spitze des grossen Trochanter nach hinten und unten, dreht mithin den Schenkelhals in gleichem Sinne und unterstützt so die Schwingung des Femur nach vorn unter gleichzeitiger Adduktion und Auswärtsrollung desselben.

Wenn der auf dem Ballen aufstehende hintere Fuss, bevor er den Boden verlässt, auf die Spitze der Zehen erhoben wird, so kann dies auf keine andere Weise geschehen, als dass die Sehnen des langen gemeinschaftlichen Zehenbeugers des *m. flexor digitorum pedis longus*, und des langen Beugers der grossen Zehe, des *m. flexor hallucis longus*, den nach vorn oben offenen Winkel der Mittelfusszehengelenke durch Druck von unten her wieder strecken.

Ersterer entspringt an der hinteren Fläche der Tibia. Seine Fleischbündel gehen in eine lange glatte Sehne über, die hinter dem innern Knöchel lateralwärts neben der Sehne des m. tibialis posticus in die Fusssohle geht, wo sie die Fleischfasern der caro quadrata aufnimmt, und endlich, in vier Stränge getheilt, nach Durchbohrung des kurzen Zehenbeugers zu den letzten Phalangen der vier äusseren Zehen gelangt.

Der letztere, mächtigere, entsteht vom Zwischenknochenband und der ganzen hinteren Wadenbeinfläche, und lässt seine am weitesten nach aussen gelegene Fleischmasse gegen eine rundliche Sehne konvergiren, welche hinter dem innern Knöchel und unter dem sustentaculum tali hindurch zur Fusssohle geht, wo sie nach Kreuzung der Sehne des m. flexor digitor. ped. long. zwischen den Sesambeinen der grossen Zehe zu deren zweiter Phalanx gelangt.

Beide Muskeln werden durch die Rotation des Unterschenkels nach innen in 2 bis 4, wobei sich ihr Ursprung an dessen hinterer Fläche nach aussen abkehrt, gedehnt, sichern das Fussgewölbe während des Aufstehens auf dem ganzen Fuss (3), pressen die Zehen fest gegen den Boden, und während der Hebung des Fusses auf die Mittelfussköpfchen von Neuem gedehnt, gleichen sie durch Kontraktion die Beugung in den Mittelfuss-Zehen-Gelenken wieder aus und heben in 5 den nahezu entlasteten Fuss auf die Spitze der Zehen. Die starke Entwicklung dieser Muskeln, besonders des m. flexor hallucis long. spricht für diese ihre Funktion während der Gehbewegung, da sie für blosse Beugung der Zehen überflüssig wäre.

Von der hintern Fläche des Schienbeins und dem Zwischenknochenband entsteht ein weiterer Muskel, der hintere Schienbeinmuskel, *m. tibialis posticus*, der seine Sehne in die Rinne des innern Knöchels, dann über die innere Fläche des Sprungbeinkopfes in die Sohlenfläche zum Kahnbein, den drei Keilbeinen, dem Würfelbein und der Basis des zweiten und dritten Mittelfussknochens sendet.

Ist der Fuss gegen den Unterschenkel frei beweglich, so wird durch die Zusammenziehung des m. tibial. post. der innere Fussrand gehoben, so dass die Sohlenfläche medianwärts sieht und die Fussspitze gesenkt (Duchenne). Dies ist die Stellung zwischen Fuss und Unterschenkel, wie man sie beim Klettern sieht. Ihr entgegengesetzt ist die Stellung in 3, wo der innere Fussrand nach unten gedreht, der Unterschenkel abducirt und beide gegen einander gebengt sind. Wenn jetzt der in 3 gedehnte Muskel durch die Rotation der Tibia nach innen noch stärker gespannt wird, so wird er den Unterschenkel aus der Abduktstellung 3 in eine medianwärts geneigte überführen, dadurch die Schwerlinie des Körpers in den rechten auftretenden Fuss hinüberleiten und ausserdem die Hebung der Ferse von Seiten der Wadenmuskeln unterstützen. Seine adduktorische Aktion dürfte demnach schon vor 4, also vor derjenigen der Adduktoren beginnen, und dann auf diese weiterschreiten.

Seine Insertion an den Knochen der medianen Hälfte der Fusswurzel und des Mittelfusses befähigt ihn, die Festigkeit des innern Fussgewölbes, auf welchem während seiner Kontraktion das Körpergewicht ruht, zu vermehren.

In gleicher Weise liesse sich auch der Zeitpunkt der Kontraktion der kurzen Muskeln des Fussrückens und der Fusssohle aus den Stellungen erschliessen, welche die Fusswurzelknochen gegeneinander und gegen die Zehen in den einzelnen Phasen des Schrittes einnehmen. Auch ihnen gehen jeweils Dehnungen voraus, welche theils durch die langen Muskeln des Unterschenkels veranlasst werden, wie die Dehnung des kurzen Streckers der Zehen bei Senkung des äussern Fussrandes im vorgestreckten Bein; und des kurzen Beugers der Zehen während der Hebung des Fusses auf seinen Ballen; — theils in der Senkung und Verlängerung des Fussgewölbes durch das Körpergewicht und den dabei stattfindenden windenden Bewegungen der durch Fusswurzel, Mittelfuss und Zehen hindurchgehenden Knochenreihen ihren Grund haben, wie bei den übrigen kurzen Muskeln der Fusssohle.

V.

Relative Bewegungen der Knochen des Beinskelettes.

§ 20.

Nachdem wir uns bemüht haben, eine Bestätigung für die aus unmittelbarer Anschauung gewonnene Darstellung unserer Gangart aus den Funktionen der Gelenke und Muskeln abzuleiten, ignoriren wir jetzt die Stellungsveränderungen der Skelettknochen in Bezug auf den absoluten Raum und gehen zur Untersuchung ihrer Bewegungen gegen einander selbst über.

Wenn also z. B. zwischen Stellung 5 und 6 sowohl Femur als Tibia nach innen rotiren, letztere aber diese Rotation in grösserem Winkelbetrag ausführt, so werden wir nur diesen Ueberschuss an Drehung in Rechnung bringen, gleichsam als wäre das Femur in Ruhe und rotirte die Tibia allein.

Da es für den Mechanismus der Gelenke, speziell für das Spiel des denselben sichernden Bandapparates einerlei ist, welcher Knochen sich am andern bewegt, wenn dabei nur immer die respektiven Stellungen derselben gegen einander erzielt werden, so kann man die gesammte beim Gehen stattfindende Bewegung im Gelenk auf den einen Knochen übertragen, während man den andern als feststehend betrachtet.

Wenden wir dies Verfahren auf das Kniegelenk an, indem wir uns erinnern, dass die Rotationsrichtungen der beiden Knochen zur Erzeugung derselben Stellungen stets entgegengesetzt sein müssen, und gehen dabei von der mittleren Beugestellung in 5 aus, während wir uns das Femur in senkrechter Stellung unbeweglich denken, so lassen wir die Tibia nach Aufheben der Fussspitze vom Boden nach innen rotiren, und zugleich die Beugung gegen das Femur bis zum Maximum in 6 fortsetzen, leiten von hier an aber sofort, unter Fortdauer der Rotation nach innen, die Streckbewegung gegen das Femur ein. Sobald diese von Neuem zur mittleren Beugestellung (zwischen 6 und 1) geführt hat, rotiren wir die Tibia nach aussen und führen, anstatt nach vollendeter Streckung das Femur zur wieder beginnenden Beugung nach einwärts zu drehen (St. 2), die Rotation der Tibia nach aussen unter Beugung gegen das Femur fort, bis wir wieder in der Ausgangsstellung angelangt sind.

Die Tibia oscillirt so in doppelter Weise auf dem Femur, und zwar zur Streckung und Beugung, und ebenso um ihre Längsachse nach links und rechts.

Diese beiden Oscillationen kombiniren sich aber in der Weise, dass immer die Wendepunkte der einen zeitlich zwischen diejenigen der andern fallen. Beachtet man ferner die Geschwindigkeiten der Oscillationsbewegungen in ihren einzelnen Abschnitten, so wird man leicht gewahr, dass die Wende- oder Nullpunkte der einen Oscillationsbewegung auf Momente treffen, in welchen sich die andere dem Maximum ihrer Geschwindigkeit nähert und umgekehrt.

So hat die vertikale Oscillation in der Streckung in 1 ihren einen Nullpunkt erreicht, während die Horizontalrotation eben ihre grösste Beschleunigung aufweist — Schlussrotation H. v. Meyer's. Auch nach der Streckung in 1 ist diese Beschleunigung an der durch die zufühlende Hand zu konstatirenden grösseren Anfangsgeschwindigkeit zu erkennen, mit welcher der grosse Rollhügel nach vorn, resp. das Femur nach innen rotirt; ein Verhalten, welches wir hier bei Uebertragung der gesammten Bewegung auf die Tibia jetzt für diese in Anspruch nehmen.

Ferner trifft der andere Nullpunkt der vertikalen Oscillation, ihr Beugungsmaximum, auf den Zeitpunkt, in welchem der am stärksten relativ nach aussen verdrehte Unterschenkel, nach seiner Erhebung vom Boden ohne Widerstand dem aufdrehenden Muskelzug folgend, die grösste Rotationsgeschwindigkeit nach innen erhält (zwischen 5 und 6). Ebenso fällt der eine Nullpunkt der horizontalen Oscillation — der Uebergang der Rotation der Tibia nach innen in diejenige nach aussen — auf den Moment kurz nach Stellung 6, wo die Winkelgeschwindigkeit des nach vorn schwingenden Unterschenkels am grössten ist; indessen der andere Nullpunkt — der Beginn der relativen Drehung der Tibia am Femurende nach innen in 5 — auf einen Zeitpunkt trifft, in dem die Kniebeugung am lebhaftesten vollzogen wird. Doch scheint das Maximum der Geschwindigkeiten, soweit es sich hier aus einfacher Beobachtung beurtheilen lässt, nirgends genau in die Mitte der Oscillation zu fallen. Die Tibia macht hiernach folgende Exkursionen unter dem senkrecht gedachten Femur: Aus einer mittleren Stellung zwischen Maximum von Beugung und Streckung bewegt sie sich zur Streckung, dann wieder zurück zur mittleren Beugung und rotirt während dieser Zeit nach aussen, anfangs und gegen Ende langsam, am schnellsten unmittelbar vor, während und nach Erreichung der Streckstellung. Dann gelangt sie von der mittleren Beugung zum Beugungsmaximum und wieder zurück zur Ausgangsstellung, und rotirt während dieser Zeit nach innen, und zwar ebenfalls mit Wachsthum der Rotationsgeschwindigkeit gegen das Beugungsmaximum hin.

In der mittleren Beugestellung ist der Querdurchmesser des obern Tibiaendes, in welchem ihre beiden Gelenkflächen unbeweglich neben einander liegen, parallel zur queren Verbindungslinie der beiden Epicondyli des Femur, welche in dieser Stellung als Achse für die Vertikalschwingung der Tibia am Femur zu betrachten ist. Während der Rotation der Tibia um ihre Längsachse aber tritt der ihre beiden Gelenkflächen verbindende Querdurchmesser aus dem Parallelismus mit der bezeichneten Achse heraus, kreuzt sich mit ihr, und es müsste nun jede gleichzeitige Vertikalbewegung der Tibia um dieselbe ein Abheben der einen nach vorn oder hinten gedrehten Tibiagelenkfläche von der zugehörigen Kondylusfläche des Femur zur Folge haben, welches Abheben um so stärker sein würde, je grösser der Kreuzungswinkel, je stärker also die Rotation der Tibia wäre.

Da nun aber vermöge der Festigkeit des Bandapparates des Kniegelenks der Kontakt der korrespondirenden Flächen nicht aufgehoben werden kann, so muss der Querdurchmesser des oberen Tibiaendes mit der momentanen Drehungsachse für die Vertikalschwingung stets parallel bleiben, d. h. die Achse muss sich gleichzeitig mit der Tibia nach links und rechts drehen. In Folge dessen bleiben auch die Vertikalschwingungen der Tibia nicht in derselben mittleren Ebene, sondern weichen abwechselnd ab- und adduktorisch von ihr ab.

Führt man die Bewegung der Tibia am Femurende in der dargestellten Weise aus unter Berücksichtigung der Art der Kombination der beiden Oscillationen, so beschreibt jeder peripherisch gelegene Tibiapunkt während einer ganzen Exkursion eine räumliche Kurve von der Form einer sphärischen 8.

Diese vollständige Exkursion wird zwar von keinem der beiden Knochen während des Gehens ausgeführt, da sich beide abwechselnd an der Gelenkbewegung betheiligen. Doch ist dies für letztere selbst gleichgültig, so lange es uns dabei nur um eine Einsicht in die Aufeinanderfolge der relativen

Knochenstellungen zu thun ist. Charakteristisch für dieselbe ist darnach eine bei mittlerer Kniebeugung beginnende Torsion des Gelenks, bei welcher, indessen sich das nach innen mehr und mehr winklig vorspringende Knie streckt und dann wieder zur mittleren Beugung zurückkehrt, der innere Tibiakondylus stark nach vorn, der äussere dagegen nach hinten rotirt, so dass die Patella ganz auf den äusseren Femurkondylus zu liegen kommt — und eine darauffolgende Detorsion des Gelenks, die von der mittlern Beugestellung bis zur stärksten Kniebeugung und wieder zurück zur mittlern Beugung andauert, und während welcher der nach innen vorspringende Kniewinkel wieder gestreckt wird.

Dadurch, dass von den beiden gleichzeitigen Oscillationen stets entgegengesetzte Geschwindigkeitswerthe zu wohl annähernd gleicher Summe sich ergänzen, wird die Bewegung im Gelenk selbst eine gleichförmige.

Die Kurve, welche ein einzelner ausserhalb der Drehachse gelegener Knochenpunkt der Tibia während der geschilderten Gelenkbewegung beim Gehen beschreibt, gleicht in Folge der Vertheilung derselben auf beide Knochen einem sphärischen *5*.

Wenn, wie als wahrscheinlich anzunehmen ist, der Mechanismus der Bewegung in den übrigen Gelenken, speziell der Hüfte und dem Fussgelenk mit demjenigen des Kniegelenks übereinstimmt, so werden sämmtliche Punkte des Beinskelettes solche *5* förmige Linien während des Ganges zeichnen, und diese werden sich zu Schlangenlinien doppelter Krümmung zusammenlegen, deren Vertikalprojektion durch die Reihenfolge der einzelnen Lagen von Hüfte, Knie, Fuss etc., und deren Horizontalexkursionen durch hellern und dunklern Ton in der Zeichnung angedeutet sind.

§ 21.

Betrachten wir jetzt die Bewegungsvorgänge, welche sich in den Knochen der Fusswurzel und des Mittelfusses während eines Doppelschrittes abspielen, so werden wir sie denjenigen des Fusses analog finden.

Wie sich früher bei Erörterung der Muskelfunktionen ergeben hat, wird der vom vorderen Fortsatz des Fersenbeins, dem Würfelbein und den drei Keilbeinen gebildete, schief durch den Fuss nach vorn und innen ziehende Knochenbogen durch die vereinigte Wirkung des m. gastrocnemius int. und m. tibialis antic. nach aussen rotirt und in Folge der freiern Beweglichkeit seines vordern Theils, sowie des günstigen Angriffspunktes des m. tibial. antic. für die Rotation des innern Fussrandes nach oben während des Vorstreckens von vorn her etwas aufgedreht. Dabei öffnet sich der sinus tarsi,

indem die obere Gelenkfläche des Fersenbeins unter der untern des Sprungbeins herabgleitet.

Nun wird der Fuss unter einem Winkel von ca. 45° gegen die Mittellinie auf den Boden gesetzt. In einer ebenso gerichteten Vertikalebene kann
sich aber jetzt der Unterschenkel nicht über dem Fussrücken beugen, da
hiebei das Knie zu weit von der Medianebene nach aussen entfernt würde.
Stellt sich daher der Unterschenkel, wie man sich bei Betrachtung eines in
unserer Gangart Gehenden leicht überzeugen kann, während seiner Neigung
nach vorn mehr parallel und endlich mit dem Kniende adduktorisch gegen
die Median-Ebene, so kann dies, so lange der Fuss auf dem Boden aufsteht,
nur dadurch geschehen, dass Tibia und Fibula dem zwischen ihren Knöcheln
eingekeilten Sprungbein, welches jetzt die Achse ihrer Vertikalbewegung enthält, ihre adduktorische Bewegung während der Beugung mittheilen, so dass
dieses, um eine sagittale Achse medianwärts rotirend, den bereits geöffneten
sinus tarsi noch mehr zu erweitern sucht. Die hierdurch stärker gespannten
mm. peronei rotiren statt dessen das Fersenbein mit dem Würfelbein unter
Verkleinerung des sinus dem Sprungbein nach, so dass jetzt der erwähnte
Knochenbogen, während sein vorderes Ende am innern Fussrand durch die
Körperlast fixirt wird, von seinem hinteren Theile aus unter entgegengesetzter
Rotation noch weiter aufgedreht wird.

Sobald dann der Fussballen entlastet ist, folgen die Knochen des innern
Fussrandes wieder dem Zuge der gespannten Muskeln und Sehnen (m. tibial.
post., m. peron. long.), rotiren wieder nach unten resp. hinten und stellen
hiemit die frühere Krümmung des in Rede stehenden Knochenbogens her.

Die Gestaltveränderung, welche das Fussskelett während einer ganzen
Periode der Beinbewegung erlitten hat, besteht also in einer Torsion mit
nachfolgender Detorsion, welche wir künstlich dadurch nachahmen können,
dass wir den Fuss zuerst von vorne her um seine Längsachse nach aussen
drehen; darauf, während wir sein vorderes Ende in seiner Stellung festhalten,
auch seinen hintern Theil in entgegengesetzter Richtung, also nach innen
drehen, und schliesslich durch Rotation des Vorderfusses nach innen den
torquirten Fuss wieder aufdrehen.

Der Beginn der Torsion und Detorsion fällt auch hier jeweils zwischen
die Anfänge der Streckung und Beugung zwischen Unterschenkel und Fuss
und umgekehrt. Wir bemerken somit eine wesentliche Uebereinstimmung
zwischen den Bewegungen des Knie's und des Fusses, welche noch dadurch
vervollständigt wird, dass die Richtung der Torsion und Detorsion bei beiden
die gleiche ist.

Ein Blick auf die gegenseitigen Stellungen zwischen Becken und linkem Femur zeigt uns dieselben Vorgänge auch im Hüftgelenk. Den höchsten Grad von Torsion sehen wir in St. 1, wo sich das Becken um eine vertikale, das Femur um seine Längsachse nach entgegengesetzten Richtungen gedreht haben. Die jetzt beginnende Detorsion, bei der beide Knochen wieder gegeneinander rotiren, dauert bis 4, wo mit der Umkehr der Rotation des Beckens dieses wieder die Torsion einleitet, welche dann durch die später folgende Auswärtsrotation des Femur vollendet wird. Während der Detorsion geht die Beugung des Hüftgelenks in Streckung über (zwischen 2 und 3) und während der Torsion beugt sich das Hüftgelenk wieder (zw. 5 und 6). Zu Beugung und Streckung gesellt sich auch hier ein abwechselnd ab- und adduktorisches Element in Folge der horizontalen Oscillation der Drehachsen.

VI.

Gesammtaktion des Skelettes und der Muskeln der untern Extremität beim Gehen.

§ 22.

Die Torsion des Beinskelettes im Zusammenhang anlangend, dreht sich den bisherigen Ausführungen gemäss das Femur des nach vorn schwingenden linken Beins beim Ueberschreiten der vertikalen Richtung nach aussen. Indem sich an ihm auch der Unterschenkel und an diesem der Fuss in gleichem Sinne dreht, gelangt das in dieser Weise gewundene Bein zum Auftreten. Indem nun jetzt das untere Ende der Extremität durch das Körpergewicht fixirt wird und die Rotation der Glieder nach aussen in die entgegengesetzte nach innen umschlägt, wird zunächst das Hüftgelenk detorquirt, indessen die Torsion im Knie- und Fussgelenk von oben her in gleichem Sinne wie vor dem Auftreten fortgesetzt wird. Ist dann das Körpergewicht auf den andern eben aufgetretenen Fuss übertragen, und das bisher aufstehende linke Bein zum hintern abstossenden Bein geworden, so schreitet in Folge der freieren Rotation der Tibia nach innen die Detorsion zum Kniegelenk herab, bis endlich auch der hierdurch noch stärker gewundene Fuss nach Massgabe seiner allmäligen Entlastung wieder aufgedreht wird.

Diese Aufdrehung, bei welcher die Längsachse des Fusses, die vorher mit der Richtungslinie des Ganges einen nach vorn offenen Winkel bildete, mit dieser wieder mehr parallel gestellt wird, dauert fort, bis das inzwischen vom Boden abgehobene Bein ungefähr in die Mitte des Durchschwingens gelangt ist, wo dann die Rotation nach innen in die anfängliche nach aussen umkehrt. Bezüglich der Gesammtaktion der Muskulatur des linken Beins in den einzelnen dargestellten Phasen eines Doppelschrittes sehen wir, dass in St. 1 sämmtliche funktionirende Muskeln nach rechts gewunden sind, dass in den darauffolgenden Stellungen rechts- und linksgewundene Muskeln sich in die Aktion theilen, während in 5 nur noch Muskeln mit Linksdrehung in Funktion sich befinden.

Ferner bemerken wir ein Fortschreiten der Muskelaktion in der Kontinuität der Extremität; der Kontraktion der tiefen äusseren Rollmuskeln nach 6 folgt diejenige des vastus externus und die Wirkung dieser beiden hat wieder die Aktion des gastrocnemius intern. zur Folge. Mit der Umkehr der Zugsrichtung nach dem Auftreten in 2 schreitet die Aktion von den vordern Unterschenkelmuskeln nach oben hin fort auf den adductor magn., biceps, und den glutaeus maximus, so dass auch eine Fortpflanzung derselben von den tiefen zu den oberflächlichen Lagen desselben Systems stattzufinden scheint. In gleicher Weise schreitet bei den links gewundenen Muskeln die Kontraktion von den tiefer gelegenen Beckenmuskeln (glutaeus med. in 2) auf die oberflächliche Lage des tensor fasciae lat., und zugleich kontinuirlich herab zu den Muskeln des Unterschenkels und Fusses in 3 und 4.

Entsprechend der Torsion und Detorsion des Skelettes sehen wir auch überall Detorsion der Muskeln während ihrer Kontraktion und Torsion während ihrer Dehnung.

VII.

Morphologische Betrachtungen über die Organe der Bewegung.

§ 23.

Der Umstand, dass stets mehrere Muskelzüge, die zwar anatomisch getrennt sind, aber in ihrer Aneinanderreihung nach der Längsrichtung der Extremität oder des Stammes den gleichen Kurvenlinien folgen, funktionell in enger Beziehung stehen, indem die Muskelaktion in der Richtung dieser Kurven weiter schreitet, verleiht den Windungen selbst eine besondere typische Bedeutung, nach welcher man die gesammte Muskulatur in zwei grosse Hauptgruppen sondern kann, von denen die eine aus rechts-, die andere aus links gedrehten Fasern besteht. (Taf. III.)

Deutlich ist dieser Typus der Muskelanordnung an der Muskulatur des Stammes wahrzunehmen, wo die Fasern an den Wirbelbogen und ihren Fortsätzen entspringend nach links und rechts die Rumpfwand auf- oder absteigend umkreisen, und durch ihre mehr gleichartige Ausbreitung in die Fläche auch den anatomischen Muskelindividuen ihre typische Form in reinerer Weise aufprägen. Die Rippen, welche die Kontinuität der Faserzüge unterbrechen, indem sie dieselben in schiefer Richtung durchschneiden, erscheinen in das System dieser Züge eingeschaltet, ohne an dem typischen Verhalten derselben etwas zu ändern.

Wenn aber an den Extremitäten das Zusammendrängen der Muskelfasern in verschiedene Formen von Muskel-Individuen, das vielfache Sichdurchkreuzen von Fasern entgegengesetzter Drehung oder auch von gleichgedrehten aber mit verschiedenem Grade von Steilheit verlaufenden Fasern, das abwechselnde Ueberwiegen und gegenseitige Unterbrechen von Fleisch- und Knochenmasse längs der Extremität diesen Typus für den ersten Blick in weniger auffallender Weise darbietet, so wird man doch wieder in der Annahme desselben auch hier durch die Wahrnehmung bestärkt, dass auch die Knochen und Bänder denselben in verschieden deutlichem Grade aufweisen und dass dort, wo dieser Typus am vollkommensten ausgesprochen ist, an den Knochenkombinationen des Fusses (wie auch der Hand) auch die Bewegungen derselben und die damit zusammenhängenden Formveränderungen mit denjenigen übereinstimmen, welche das Kontinuum der denselben Spirallinien folgenden Muskelfasern einer Extremität während ihrer Dehnung und Kontraktion erleidet. Die Knochenmasse des Fusses wird durch die Kreuzung der beiden spiraligen Züge in sich selbst in der Weise beweglich, dass sie sich im Sinne beider je nach Wirkung der Muskulatur verschieben kann. Beide Züge sind Systeme aus mehreren Kurven, deren Krümmungswerth desto geringer ist, je mehr ihre Richtung sich der Längsachse des Fusses nähert.

Der eine Knochenzug geht vom Sprungbein durch das Kahnbein, die drei Keilbeine und das Würfelbein zu den Mittelfussknochen und den Phalangen nach vorn lateralwärts gegen den äussern Fussrand hin; der andere vom Fersenbein durch das Würfelbein, theils durch das Kahnbein,

theils durch die drei Keilbeine, theils durch die Mittelfusskuochen und endlich
vorn durch die Phalangen an den innern Fussrand. Der letztere Zug ist
durchgehends stärker gewunden und diesem Umstande dürfte auch die
grössere Wölbung des innern Fussrandes zuzuschreiben sein. Diese formbeherrschende Windung scheint für die Bewegungen, welche im Fussskelette
vor sich gehen, gerade so massgebend zu sein, wie die mit ihr
gleichlaufende Krümmung des innern Femurkondylus für diejenige im Kniegelenk. Auch am Oberschenkelknochen überwiegt
die Krümmung des gleichlaufenden Zuges über den andern,
scheinbar aufgedrehten, so dass der Knochenschaft im Sinne des
erstern schwach spiralig gewunden sich von oben und aussen
ab- und medianwärts wendet. Dem weitern Umfang dieser
Windung entspricht die Form des innern Femurkondylus, dessen
horizontale Krümmung einen grössern Bogen beschreibt, als diejenige des äussern Kondylus, welcher dem steiler abfallenden
innern Zuge angehört.

Ein übereinstimmendes Verhalten in dieser Beziehung zeigt
auch die Muskulatur der Oberschenkel- und Beckengegend.

Am Unterschenkel gehen die beiden Züge von einem Knochen
auf den andern über, so dass jeder derselben im obern Theil
eine Krümmung zeigt, die derjenigen des untern entgegengesetzt ist.

Die eigenthümliche Verdrehung des Wadenbeins, sowie die
konstant vorhandene 5 förmige Biegung der Tibia lassen sich
möglicherweise auf dies Verhalten zurückführen.

Entsprechend dieser Anordnung der Muskel- und Knochenmasse kann man auch die Bänder in zwei Gruppen scheiden,
deren Elemente mehr oder weniger deutlich, je nach der längern
oder kürzern Strecke ihres Verlaufes, nach entgegengesetzten
Richtungen spiralig gewunden sind. Sehr oft stellen sie Ver-
bindungs- oder Zwischenstücke der Knochenkrümmungen an denjenigen Stellen dar, wo dieselben von einem Knochen zum andern übergehend
eine Unterbrechung erleiden. So vermitteln die innern Kreuzbänder des
Kniegelenks den Uebergang der spiraligen Krümmungen der Knochenmasse
des Oberschenkels auf diejenige des Unterschenkels. Das Zwischenknochenband
bildet die Brücke für die Züge, welche vom obern Theil der Tibia und Fibula
auf den untern des andern Knochens übergehen; daher die Kreuzung seiner
Faserrichtung in der obern und mittlern Region mit derjenigen der untern
Parthie. Auf diese Weise ergänzen und vervollständigen die Bänder vielfach

das unserer Auffassung entsprechende Bild, welches das Skelett allein nur lückenhaft darbietet. In besonders auffallender Weise kann man dies beim Fuss beobachten, wo die aus verschiedenen Ebenen sich begegnenden dynamischen Züge oft von einer plötzlich scharf abgesetzten Knochenmasse auf die von dieser abgehenden Bänder übergehen.

Ebenso setzen auch die Muskeln die spiraligen Windungen der Knochen fort, aus welchen sie austreten.

Diese unmittelbare Fortsetzung der dynamischen Linien von einem Gewebe auf ein anderes scheint darauf hinzudeuten, dass dieselben in einer sehr frühen Periode der Entwicklung eine wichtige Rolle gespielt haben, zu einer Zeit, wo Muskeln, Knochen und Bänder noch eine mehr gleichförmige, nicht differenzirte Bildungsmasse waren.

Die Bewegung, welche in denselben liegt, lässt sich in einigen Fällen entwicklungsgeschichtlich einen Schritt rückwärts verfolgen. So z. B. bei den doppelt gefiederten Muskeln, deren Fasern ebenfalls 2 nach entgegengesetzten Richtungen gewundene Züge bilden, die erst sekundär durch eine später erfolgte analoge Bewegung zusammen wieder nach einer der beiden Richtungen gewunden wurden. Ebenso weist die Aufdrehung der Windung der medianwärts gelegenen Muskeln zwischen Becken und Oberschenkel auf eine gleichzeitig mit der Organisirung der letzten oberflächlichen Schichte des äussern Systems (m. glutaeus maxim.) stattgefundene Bewegung im Sinne dieses Systems hin, welche oben zum Schlusse der vordern Leibeswand führend (m. obliq. abdom. ext.) eine letzte kräftige Einwärtsrotation des Oberschenkels auslöste, von der die tiefern bereits organisirten Lagen des Unterschenkels und Fusses nicht berührt wurden. Es zeigen desshalb nur noch die sich an der Tibia befestigenden Insertionssehnen der aufgedrehten Oberschenkelmuskeln den typischen Verlauf, während ihn die Muskeln beider Windungsrichtungen am Unterschenkel und Fuss während ihres ganzen Verlaufes in gleicher Weise aufweisen. Auch die S-förmige Windung des zur Hälfte und scheinbar erst sekundär in die Richtung des äussern Systems mit einbezogenen m. sartorius dürfte für eine solche Schlussrotation nach innen sprechen.

Ordnet man die histiologischen Unterschiede der Gewebe, welche in ihrem Zusammenhang unsere dynamischen Linien in continuo darstellen, diesen selbst unter, so erhält man zwei entgegengesetzt gewundene Spiralsysteme, deren jedes aus Muskeln, Knochen und Bändern besteht. Sie deuten die Bewegung an, welche das embryonale Bildungsplasma während seiner Organisation erfahren hat, und bestimmen nun, zur Form geworden, selbst wieder den Charakter der Bewegung, welche sie vermitteln.

Der musculöse Theil hat in seiner Kontraktilität einen Bruchtheil seiner ursprünglichen Bewegung beibehalten und vertritt somit das dynamische Prinzip;

im Knochen und Knorpel verschmelzen die sich durchkreuzenden Züge zu statischen Zwecken unbeweglich miteinander, und treten erst wieder an den Gelenkenden hervor, welche den ganzen Betrag der Beweglichkeit in sich vereinigen, der durch ihre Verschmelzung im Knochenschafte unmöglich wurde. Die doppelt gekrümmten spiraligen Windungen finden sich desshalb als grössere oder kleinere Abschnitte im Bau der Gelenke wieder. Diese beiden Spiralsysteme unterhalten nun während der Gehbewegungen ein beständiges Spiel gegeneinander, indem sie sich abwechselnd aktiv und passiv verhalten. Während sich das eine durch Kontraktion seiner Muskeln aufdreht, wird das andere entgegengesetzte zusammengewunden. Durch dieses stärkere Winden des passiven Systems erleiden dessen Bänder und Muskeln eine Dehnung, deren Grad von der Stärke der Muskelkontraktion des arbeitenden Systems abhängt.

Die elastische Spannung dieser Weichtheile, die sich dabei dichter um den Knochen anlegen, erhöht die Sicherheit und Tragfähigkeit der aus einzelnen Gliedern bestehenden Extremität, so dass dieselbe mit ihrer Elastizität nun auch einen hohen Grad von Festigkeit vereinigt. Andererseits ist durch die passive Dehnung die Bedingung für die nachfolgende Kontraktion gegeben, die dann ihren Einfluss wieder in gleicher Weise auf das bisher aktive System geltend macht.

Interessant ist das Verhalten der Skelettabschnitte in Bezug auf die Beweglichkeit in sich selbst. Während das Femur, in sich unbeweglich, als Ganzes die typischen Bewegungen ausführt, und diese durch die reiche Muskulatur gesichert werden, welche sich in grosser Ausdehnung, oft mit der vollen Breite ihrer Flächen, an Becken und Oberschenkel ansetzt, und mit mehrfachen Schichten sie umhüllt, so dass ihr Volum gegen sie zurücktritt, so ist es am untern Ende der Extremität die Knochenmasse, welche überwiegt, und durch die Art ihrer Gliederung den Typus der Bewegung unterhält, trotz des bedeutenden Druckes, den sie durch die Körperlast auszuhalten hat.

Die Wiederholung dieser typischen Bewegung hat hier ausserdem den Zweck, durch die damit verbundene Formveränderung des Fusses eine Anpassung seiner Sohlenfläche auf die Fortbewegungs-Ebene zu erzielen. Die schraubig windende Verschiebung der einzelnen Fusswurzelknochen in ihren Gelenken ermöglicht eine Senkung des Fussgewölbes beim Auftreten ohne gleichzeitige Aufhebung des vollständigen Kontaktes und der Festigkeit der Knochenverbindungen.

Die Uebergangsform zwischen dem in sich unbeweglichen Oberschenkelknochen und dem in beiden Komponenten der kombinirten Oscillationsbewegung drehbaren Fussskelett bildet der Unterschenkel, bei welchem die Möglichkeit einer geringen horizontalen Rotation zwischen Tibia und Fibula gegeben ist.

VIII

Bewegungen des Rumpfes und der obern Extremitäten während des Gehens und Beziehung der Aktion ihrer Muskeln zu derjenigen der untern Extremitäten.

§ 24.

Die Bewegung, welche das Becken von den untern Extremitäten empfängt, wird von denselben auch nach oben auf die Wirbelsäule fortgeleitet, welche sie vermöge ihrer Elastizität und Gliederung auch aufnimmt. Die Wirbelsäule des Erwachsenen ist bekanntlich nicht gerade gestreckt, sondern schlangenförmig gebogen in der Weise, dass der Halstheil nach vorn, der Brusttheil nach hinten, die Lendenwirbelsäule wieder nach vorn und das Kreuzbein nach hinten konvex ist. Zu diesen Krümmungen in sagittaler Richtung, welche bei seitlicher Betrachtung in die Augen fallen, gesellt sich für die Ansicht von vorn oder hinten noch eine zweite, aber schwächere S förmige Ausbiegung nach den Seiten. Am deutlichsten ist sie an der Brustwirbelsäule, welche fast konstant etwas nach rechts gekrümmt ist. Diese Krümmungen sind beim Neugeborenen nur sehr schwach angedeutet, bilden sich aber später während des Wachsthums immer stärker aus, und es liegt nahe, ihre Entstehung zum Theil mit den spiraligen Drehungen in Zusammenhang zu bringen, welche während der lebhaften Körperübungen im jugendlichen Alter von den Extremitäten auf die Wirbelsäule fortgepflanzt werden. Die doppelte S förmige Biegung, welche sie beim Erwachsenen zeigt, stimmt mit der Form der Kurven überein, welche Hüfte, Knie und Fuss, sowie jeder einzelne Punkt der Extremität auf ihrem Wege zeichnen, und ist als eine theilweise zur Form erstarrte Wellenbewegung anzusehen, welche die successive einander folgenden Einzelbewegungen der Wirbel in ihr hervorbringen.

Der Charakter dieser Bewegungen ist identisch mit demjenigen der untern Extremitäten und des Beckens, da die Wirbel mit diesem und unter sich durch elastische Bandscheiben und Gelenke verbunden sind, deren Mechanismus die Qualität der ihnen mitgetheilten Bewegung nicht abändert, wenn er ihr auch quantitativ nur enge Grenzen gestattet. Wie das Becken, so drehen sich auch die Wirbel um die drei Raumachsen, indem sich auch bei ihnen zwei senkrecht gegeneinander gerichtete Oscillationen zu gemeinsamer Bewegung kombiniren. So gering auch die Exkursionen sein mögen, die ein Wirbel am andern ausführt, so genügen sie dennoch, um durch Verschiebung der Insertionsstellen der zwischen ihren Fortsätzen ausgespannten Muskeln Verlängerung und Verkürzung ihrer Fasern zu veranlassen, die als passive Dehnung und aktive Kontraktion derselben in Anspruch zu nehmen sind, so dass die zahlreichen Muskellagen, die in verschiedenen Schichten über je eine, zwei oder mehrere Wirbelgelenkverbindungen hinwegziehen, unterstützend in den Mechanismus der Wirbelsäulenbewegung eingreifen.

Die das Gehen einleitende Aktion kann daher auch von der Wirbelsäule abwärts zum Becken fortschreiten, welches als Endglied die Summe der einzelnen Theilbewegungen der Wirbel über ihm in sich vereinigt und dessen Exkursionen die Funktionen der Extremitätenmuskeln während des Gehens unterstützen. Der Umstand, dass die mittleren Brustwirbel die geringste Bewegung zeigen, und dass diese nach oben und unten hin zunimmt, also im Hals- und Lendentheil am auffälligsten fühlbar wird; dass ferner in beiden die Torsionsrichtung entgegengesetzt ist. dürfte dafür sprechen, dass sie von den mittleren Brustwirbeln ausgehend nach beiden Enden hin in abwechselnd auf- und absteigender Richtung weiter schreitet. Damit in Uebereinstimmung stünde die polare Symmetrie der Muskeln, welche vom Kopf- und Becken-Ende der Wirbelsäule, ebenso wie von beiden Seiten her einander entgegenlaufen.

Indem nun die Bewegung von Wirbel zu Wirbel weiter schreitet, befinden sich diese der Reihe nach in verschiedenen aufeinander folgenden Phasen der kombinirten Oscillationsbewegung und diese Verschiedenheit der Bewegungszustände der Wirbel gibt sich in der kontinuirlich wellenförmigen Gestaltveränderung ihrer Säule während des Gehens kund.

Die Wellenbewegung verläuft aber auch hier nicht in einer einzigen Vertikalebene; ihre Richtung weicht in Folge der horizontal rotirenden Komponente der Wirbelbewegung abwechselnd nach links und rechts während des Fortschreitens längs der Säule ab, in Folge dessen diese eine räumliche Kurve — eine Schlangenlinie doppelter Krümmung beschreibt.

Wie bei den Extremitäten ist aber auch hier die Wellenbewegung durch die Organisation in der Weise beschränkt, dass an die Stelle des einmal organisirten Wellenberges kein Wellenthal und umgekehrt treten kann, so dass sich der Effekt der Wellenbewegung mehr als eine abwechselnde Verstärkung und Abschwächung der schon vorhandenen Krümmungen geltend macht.

Dem vertikalen Bogen, als der einen Komponente unserer doppelten Schlangenkrümmung, fehlt mithin die ihren Einfluss auf die bleibende Form der Säule kompensirende Gegenkrümmung, in Folge dessen er mit der Zeit der ursprünglich mehr gestreckten Wirbelsäule habituell wird.

Die horizontalen Exkursionen kompensiren ihre Wirkungen auf die Gestalt derselben gegenseitig zum grössten Theil, und nur das Ueberwiegen der rechten Seite über die linke scheint ein leichtes seitliches Ausbiegen im Sinne dieses stärker arbeitenden Systems im Gefolge zu haben.

Darnach müsste bei denjenigen, deren linke Körperhälfte durchgängig stärker entwickelt ist, die Ausbiegung nach der entgegengesetzten Seite stattfinden.

Auffallender wird sie übrigens immer, wenn in Folge mangelhafter Innervation, gehemmter Entwicklung oder Difformität eines Beins die Wirbelsäule ihre Bewegungen immer nur von der einen funktionsfähigen Extremität empfängt.

Die eben besprochene federnde Thätigkeit der Wirbelsäule ist für die Aequilibrirung des Rumpfes beim Gehen von wesentlichem Nutzen. Damit sie zu Stande komme, ist es nöthig, dass sie sich der ganzen Säule mittheilen kann, ohne durch Steifigkeit oder irgend welche andere abnorme Verhältnisse unterbrochen zu werden, und dass sie an ihrem obern Erde durch Belastung oder durch die entgegengesetzten Schwingungen der obern Extremitäten einen Widerstand erfährt, der grösser ist, als derjenige in den einzelnen Gelenkverbindungen der Wirbelkette.

Da, wo es auf genaue Einhaltung des Gleichgewichtes besonders ankömmt, wie beim Tragen mit Flüssigkeit gefüllter Gefässe, beim Seiltanzen u. s. w., sieht man auch die wellenförmigen Bewegungen der untern Extremitäten, welche sich der Wirbelsäule mittheilen sollen, präzis und typisch schön ausführen; und beim strammen militärischen Gange führen sie von selbst zur Geradehaltung des Rumpfes in der Schwerlinie des Körpers.

§ 25.

Wir haben bisher die Bewegungsweise der Wirbel von den Bewegungen des Beckens abgeleitet, mit welchen sie ihrer wellenförmigen Uebertragung zufolge harmonisch sein müssen. Sie lassen sich jedoch auch trotz der durch starke Muskelmassen und Aponeurosen versteckten Lage der Wirbel wenigstens theilweise durch die leicht fühlbaren Exkursionen ihrer Dornfortsätze nachweisen.

So bemerkt man, wenn man beiderseits die flache Hand derart auf die Lendengegend legt, dass sich die Spitzen der Mittelfinger gerade über dem Dornfortsatze eines der untersten Lendenwirbel berühren, dass dieser unter den gegen ihn festgestellten Fingerspitzen während des Gehens abwechselnd nach beiden Seiten hin und her gleitet. Beim Vorschreiten des rechten

Beins tritt er unter den rechten, beim Vorschreiten des linken unter den linken Mittelfinger, stimmt also mit den seitlichen Drehungen des Beckens überein.

Diese Bewegungen der Dornfortsätze erscheinen aber dem zufühlenden Finger nicht als einfache Oscillationen; die Dornfortsätze umkreisen vielmehr die Fingerspitze gegen das Ende der seitlichen Exkursionen in vertikaler Richtung, so dass sie schlingenförmig zur Bildung von Achtertouren in einander überzugehen scheinen.

Auf dieselbe Weise lassen sich die Bewegungen der Dornen der obern Halswirbel prüfen, obgleich sie etwas weniger zugänglich sind, als diejenigen der Lendenwirbel. Doch erkennt man ohne Schwierigkeit, dass sie unter die rechte Fingerspitze gleiten, wenn der linke, und unter die linke, wenn der rechte Fuss vorschreitet; dass also ihre gleichzeitigen seitlichen Exkursionen während des Gehens denjenigen der Lendenwirbel entgegengesetzt sind.

Dass die Dornfortsätze der Brustwirbel die kleinsten Exkursionen ausführen, davon kann man sich während des Gehens ebenfalls leicht überzeugen.

§ 26.

Das wellenförmige Fortschreiten der Bewegung der Wirbelsäule nach beiden Richtungen ihrer Längsausdehnung kann auf die Bewegungen des Brustkorbes während des Gehens nicht ohne Einfluss bleiben, wie aus der Art der Verbindung der Rippen mit den Wirbeln zu erschliessen ist.

Die Köpfchen der erstern artikuliren mit den Seitenpfannen, welche von den Zwischenwirbelscheiben und den angrenzenden obern und untern Seitenrändern zweier Wirbel gebildet werden; die Rippenhöcker aber mit den Gelenkflächen der Querfortsätze ihrer Wirbel.

Verbreitet sich nun die Bewegungswelle vom Becken durch den Lendentheil nach oben zur Brustwirbelsäule, so drehen von den successive in die Bewegung eintretenden Wirbeln immer die untern mit ihren Querfortsätzen die Rippen um ihren etwas höher liegenden, noch ruhenden Rotationspunkt, die articulatio costo-vertebralis, und heben sie hierdurch der Reihe nach. Kehrt dann die Welle wieder nach unten zurück, so senken sich die Rippen in derselben Reihenfolge.

Da diese Hebung und Senkung der Rippen vorzugsweise durch die Vertikaloscillationen der Wirbel nach rechts und links hin veranlasst werden, in deren Folge sich die betreffenden Säulenabschnitte seitlich auswölben, so werden sich jeweils die entsprechenden Rippen der einen Seite senken, wann diejenigen der andern sich heben. Nur in den Momenten der Vertikalschwingung der Wirbel in der Ebene der Fortbewegung, in denen die Wölbung der Säule nach hinten abwechselnd vermehrt oder vermindert wird, werden sich die beiden Brusthälften in Beziehung auf die ihnen mitgetheilte Erweiterung und Verengerung übereinstimmend verhalten.

Wenn die torquirende Bewegung der Wirbelsäule von ihrer Mitte nach unten fortgeschritten ist, so dass das Becken die Stellung in 1 einnimmt, so hat jeder einzelne Wirbel gegen den nächst obern eine kleine mit der Beckenbewegung übereinstimmende Theilbewegung ausgeführt, der zufolge seine linke Seite etwas nach vorn und aufwärts gedreht wurde. Durch Vermittlung der Querfortsätze wurden auch die untern Rippen der linken Seite von oben herab der Reihe nach gehoben.

Gleichzeitig hat die Torsion des Rumpfskelettes im m. obliquus abdominis externus und seiner Fortsetzung, dem m. intercostalis extern. die nöthige Spannung erzeugt, damit diese Muskeln in Uebereinstimmung mit dem Gelenkmechanismus die untern Rippen durch Kontraktion hinaufziehen konnten.

Es ist aus der Zeichnung leicht ersichtlich, dass der Muskelzug im Beginn seiner Aktion, so lange der Rücken fixirt, die ganze linke Seite aber noch beweglich ist, nach oben gerichtet sein muss.

Mit der Belastung des aufgetretenen linken Beins durch das Körpergewicht in 2 und der Umkehr der Zugsrichtung der Muskulatur kehrt auch diejenige des m. obliq. abdomin. ext. um.

Da aber die vermehrte Spannung, welche jetzt die starke Beckenneigung in den untern Parthieen seines Fasersystems erzeugt, sich erst allmälig durch Vermittlung der Rippen auch den obern Theilen desselben, den Rippenhebern (mm. scaleni, serratus postic. superior, obere intercostal. ext.) mittheilt, so muss hier eine Phase eintreten, in welcher die obern Rippen noch gehoben sind, während die untern bereits gesenkt werden, so dass in Folge der stärkern Divergenz der Rippen der Thorax sich nach vorn entfaltet. Dies harmonirt nun aber wieder mit der Abflachung der Dorsalkrümmung der Brustwirbel in 2, die eine direkte Folge der von ihrer Mitte aus nach oben und unten fortschreitenden Biegung nach hinten ist, welche man als Streckung der Wirbelsäule zu bezeichnen pflegt.

Indem nun die höhere Spannung des m. obliq. abdom. ext. nach oben fortschreitet, kehrt auch in den obersten Muskeln desselben Systems die Zugsrichtung um nach unten und unter Mithilfe des m. rectus abdominis werden Hals- und Lendentheil sammt dem wiederbeweglichen Becken (3) einander entgegen nach vorn gekrümmt, so dass die Wölbung des Brusttheiles nach hinten wieder hergestellt wird.

Während die Torsionsbewegung von der Mitte der Rückenwirbelsäule nach unten zog, ging eine ebensolche, aber mit entgegengesetzter Drehrichtung aufwärts zu den obersten Halswirbeln.

Es wurden also die Dorn- und Querfortsätze der oberen Brust- und der Halswirbel je höher oben, desto mehr nach rechts hin gedreht.

Von diesen aber ziehen der *m. scalenus anticus* und *m. scalenus medius* nach vorn an den oberen Rand und die äussere Fläche der ersten, der *m. scalenus posticus* an diejenige der zweiten Rippe; ebenso, nur etwas tiefer, der *m. serratus posticus superior* zur hinteren Gegend der zweiten bis fünften Rippe, nahe an deren Winkel, und ferner die *m. levatores costarum breves et longi* von den Tuberositäten des siebenten Halswirbels und der eilf obern Brustwirbel zum oberen Raude und der hinteren Fläche der nächst oder zweitnächst unteren Rippen.

Durch Aufwicklung auf die sich nach rechts torquirende Halswirbelsäule wurden diese Muskeln gedehnt und wenn sie sich nun kontrahiren, so ziehen sie die oberen Rippen der linken Seite hinauf und erweitern somit die obere Thoraxgegend.

Gleichwie die Torsion eine nach links konkave Einbiegung des unteren Brust- und Lendentheiles der Wirbelsäule veranlasst, so ist sie im oberen Brust- und Halstheil von einer kompensatorischen konvexen Ausbuchtung nach links begleitet, und während diese wellenförmig von unten hinaufzieht, heben jeweils die aufwärts rotirenden linken Seitentheile der oberen Brustwirbel mit ihren Querfortsätzen die nächst oberen Rippen in die Höhe, so dass auch hier wieder Gelenkmechanismus und Muskelaktion denselben Effekt hervorrufen.

Eine einfache Ueberlegung führt auch hier darauf, dass die Kontraktion von den tiefen zu den oberflächlichen Muskellagen weiterschreitet, da schon die kleinsten Drehungsbeträge der Wirbel für die tiefen kurzen Muskeln eine für deren Zusammenziehung erforderliche Spannung veranlassen, während die langen, oberflächlicheren Fasern erst genügend gedehnt sind, wenn die Torsion der Säule schon mehr oder weniger weit gediehen ist.

Aus der Zeichnung erhellt ferner, dass die Muskelaktion sich auch der Peripherie des Rumpfes entlang fortpflanzt, dass in einem Zeitraum vorwiegend die hinteren Muskeln in Aktion sind und den Rücken strecken, bis dieselbe dann durch die Seitenflächen nach vorn wandernd endlich auf die vordere Rumpfwand übergeht.

Dessgleichen bemerkt man auch hier den Uebergang der Aktion von dem Fasersystem mit Rechtsdrehung zu demjenigen mit Linksdrehung und ein dem ersteren analoges Verhalten des letzteren.

So wird in Folge der Rotation der linken Seite der unteren Brust- und Lendenwirbel, sowie des Beckens nach hinten, bei welcher die gleichzeitig statt-

findende linksseitige Senkung eine konvexe Answölbung des untern Säulen-
abschnittes, sowie die Beckenstellung in 3. und 4. herbeiführt, das ganze
System von linksgedrehten Fasern zur Kontraktion veranlasst, welches von
der hinteren Fläche des Kreuzbeins und den Lendenwirbeln zu den Rippen
aufsteigt. Dazu gehören:

Der *m. serratus posticus inferior* — von den oberen Lendenwirbeln
seitlich hinauf zum unteren Rande der vier untersten Rippen.

Der *m. iliocostalis,* und zwar zunächst dessen unterste Parthie — der
m. iliocostalis lumbalis — von der hinteren Fläche des Kreuzbeins zu den
Winkeln der Rippen.

Der *m. longissimus dorsi* — von den Querfortsätzen der Lendenwirbel
mit seinen lateralen Insertionen an den unteren Rand der Rippen in der
Gegend ihres Winkels.

Ihre nächste Wirkung ist die Herabziehung der unteren Rippen in 3
und 4, solange diese noch dem fixirten Becken gegenüber der beweglichere
Theil sind.

Entsprechend diesem Muskelzug senken sich aber auch die Rippen der
Reihe nach auf ihre Querfortsätze herab, welche in Folge der nach unten
schreitenden Konvexität der Säule unter ihnen nach unten zurückweichen.

Diesen Muskeln schliesst sich dann bei stärkerer Torsion in 4 der weiter
nach vorn gelegene, die ganze Seitenfläche bis in die Nähe der vorderen
Mittellinie einnehmende *m obliquus abdominis intern.* oder *ascendens* an,
welcher vom oberen Darmbeinrand, von der Fascia lumbodorsalis an bis zur
spina iliaca anterior superior seinen Ursprung nimmt, um zum grössten Theil
in schiefer Richtung aufsteigend sich an das vordere Ende der drei untersten
Rippen zu begeben, wo sein Fasersystem in dasjenige des m. intercostalis
internus übergeht.

In 5. sind in Folge der hier eintretenden Beckenneigung seine vordersten
Faserparthieen auf der Höhe der Aktion und nun schliesst sich ihnen, wie
den vorderen Theilen des rechtsgedrehten Systems in 2, der *m. rectus abdominis*
an, um die starkgedehnte vordere Rumpfwand wieder zu verkürzen.

Der Zug des m. obliquus abdominis internus pflanzt sich allmälig durch
die *m. intercostales interni* nach oben fort, um endlich auf die obersten
Rippen wieder herabzuziehen, nachdem in Folge der Torsion der Halswirbelsäule nach links auch die Entspannung der Rippenheber eingetreten ist.

Auch die nach oben ziehende kompensatorische konkave Ausbiegung des
oberen Theiles der Wirbelsäule begünstigt jetzt die Senkung der oberen Rippen.

Ist dann in 5 die linke Seite vom Körpergewicht mehr und mehr entlastet, so zieht der ganze Faserkomplex sämmtliche unteren Rippen sammt

der linken Beckenseite wieder hinauf (6), indessen auch die wieder beginnende Thätigkeit der Rippenheber von Neuem die oberen Rippen nach oben bewegt. Es werden also während eines Doppelschrittes, d. h. während einer vollständigen Periode der Beinbewegung die Rippen jeder Thoraxhälfte je einmal von oben her successive gehoben und ebenso wieder von unten her der Reihe nach gesenkt, und beide Hälften befinden sich stets in entgegengesetzten Bewegungszuständen. In 1 ist die linke obere und die rechte untere Brustgegend erweitert, umgekehrt verhält es sich in 4, während in 2 und 5 die Zustände beider Seiten sich nähern.

§ 27.

Berücksichtigen wir die Gesammtaktion der Rumpfmuskulatur in ihrer Beziehung zur Aktion der Muskulatur der Extremitäten, so bemerken wir, dass der m. obliquus abdominis internus die linke Beckenhälfte zu gleicher Zeit hinaufbewegt, in welcher die abduktorischen Muskeln der rechten Hüfte (mm. glutaeus medius et minimus) die rechte Beckenwand um ihren Oberschenkelkopf abwärts rotiren (6).

Ebenso vereinigt sich die das Becken aufrichtende Wirkung des m. obliquus abdominis externus mit derjenigen des nach der gleichen Richtung gewundenen m. glutaeus maximus derselben Seite (2 und 3).

Dessgleichen erleichtern die in 2 und 5 sich kontrahirenden Rückenmuskeln die Neigung des Beckens von Seite der vorderen Oberschenkelmuskeln.

Hierdurch wird begreiflich, wie die Bewegungen des Rumpfes direkt fördernd in den Mechanismus des Gehens eingreifen, und wesshalb sie dann besonders auffallend erscheinen, wann die Exkursionen der Skelettheile zur Vergrösserung der Schritte, oder um bei schlaffen und ermüdeten Muskeln noch hinreichende Dehnungsgrade zu erzielen, ausgiebiger werden sollen.

Andererseits wird durch das wellenartig fortschreitende Abflachen und Wölben, Heben und Senken der Brustwand die Kapazität der einzelnen Bezirke des Brustraumes kontinuirlich geändert, und indem die verschiedenen Lungenparthieen den Volumsänderungen der sie beherbergenden Räume entsprechend komprimirt werden und sich wieder ausdehnen, so führen die Gehbewegungen zu einer ihnen eigenen Art von Athmen, welches von dem gewöhnlichen, symmetrisch gleichmässigen während der Ruhe, verschieden und für die Lungen dadurch von ganz besonderem Vortheil ist, dass sich der Reihe nach alle ihre Abschnitte an der Athmung betheiligen und dies um so vollkommener, je tadelloser das Gehen selbst bewerkstelligt wird.

6*

Der günstige Einfluss desselben auf die Lungen ist aber leicht begreiflich, wenn man bedenkt, dass die Integrität derselben vorzugsweise von einer möglichst vollständigen Funktionirung aller ihrer Theile abhängt, und dass die Gefahr der Erkrankung einzelner ihrer Bezirke erfahrungsgemäss stets vorhanden ist, sobald ihnen durch Mangel an Bewegung bei sitzender Lebensweise, durch Unbeweglichkeit der sie umgebenden Wandungen des Brustkorbes oder durch erhebliche Störungen des Bewegungsmechanismus bei Verkrümmungen der Wirbelsäule die Möglichkeit zu funktioniren benommen ist.

Selbstverständlich ist hierbei die regulatorische Beihilfe des Athmungszentrums nothwendig, da Inspiration auf der einen Seite nicht gleichzeitig mit Exspiration auf der andern stattfinden kann.

Es liesse sich der Vorgang so denken, dass trotz der Bewegungen der Rippen die Kapazität des Thorax in toto dieselbe bleibt, da ja die wandernden lokalen Erweiterungen immer von entsprechenden Verengerungen an anderen Stellen begleitet werden, und dass mithin die Kontraktionen des Zwerchfells das Ein- und Ausathmen während des Gehens allein besorgen würden.

Die regulatorische Aktion könnte aber bei forcirtem Gehen auch darin bestehen, dass In- und Exspirationsmuskeln in regelmässigem Wechsel nur während der Dauer eines Doppelschrittes in Erregung versetzt würden.

Es würden dann die ersteren (*mm. intercostales externi, m. obliquus abdominis extern., mm. scaleni* und *levatores costarum*) unter Mitwirkung der mechanischen Faktoren der Muskeldehnung und der rippenhebenden Thätigkeit der spiraligen Windung der Wirbelsäule während eines einfachen Schrittes zuerst eine Erweiterung der einen Thoraxhälfte herbeiführen und solange unterhalten, bis mit dem zweiten einfachen Schritte auch die andere Hälfte vergrössert und damit das Maximum der Inspirationserweiterung erreicht ist.

In dem darauffolgenden Doppelschritte würden dann die Exspirationsmuskeln durch Zug von unten her (*m. obliquus abdom. int., m. intercost. int.*) in gleicher Weise das Ausathmen besorgen.

In beide Aktionen würde der Zwerchfellmuskel unterstützend eingreifen.

Es liesse sich auf diese Weise das den einzelnen einfachen Schritten entsprechende rhythmische Absetzen der Athembewegungen bei schnellem Gehen erklären.

§ 28.

Der eigenthümliche Bau der beiden seitlichen Gelenkflächen zwischen dem ersten und zweiten Halswirbel verhindert die Betheiligung des Kopfes an den spiraligen Drehungen der Wirbelsäule.

Würde die Einrichtung dieser Gelenke die gleiche wie diejenige der übrigen Wirbel sein, so müsste der Kopf die Bewegungen der Wirbel nach links und rechts während des Gehens mitmachen. Diese würden aber die Funktionen der Sinnesorgane in ganz erheblichem Grade stören, und da die Exkursionen der horizontalen Oscillation in Folge der Verlängerung ihres Radius gegen den Stirn- und Gesichtstheil hin ziemlich bedeutend würden, so könnte die hierdurch erhöhte Schwungkraft eine bedenkliche Störung der Cirkulation des Blutes im Kopfe erzeugen.

. Nun ist aber, wie Henke gezeigt hat, der Charakter der in Rede stehenden Gelenkverbindungen ein schraubenartiger. Die einander zugekehrten Flächen sind von einer Seite zur anderen oben konkav, unten konvex, von vorn nach hinten aber sind beide konvex. Die Konvexitäten bilden quer verlaufende Firste und diese trennen die Gelenkflächen in je eine vordere und eine hintere Hälfte.

Ist während der Ruhestellung das Gesicht gerade nach vorn gekehrt, so berühren sich nur die Firste, und zwar ihrer ganzen Länge nach.

Dreht sich aber z. B. der Atlas auf dem Epistropheus so, dass das Gesicht nach rechts gewendet wird, so gleitet die hintere Hälfte der linken Gelenkfläche des Atlas über die vordere des Epistropheus, und die vordere Hälfte der rechten Gelenkfläche des ersteren über die hintere des zweiten herab und umgekehrt, wenn der Kopf sich nach links dreht.

Wie nun ausser der rotirenden Bewegung nach den Seiten der Atlas sich auch noch gegen den Epistropheus heruntersenkt, so verbindet sich mit einer Drehbewegung des Epistropheus am Atlas auch stets ein Emporsteigen des erstern gegen den letzteren und eine Senkung bei der Rückkehr zur Ruhestellung. Jeder der beiden Wirbel kann mithin am anderen eine Schraubenbewegung nach beiden Seiten hin ausführen, so dass sich die doppelseitige spiralige Drehung der Wirbelsäule dem Kopfe von dem in Rede stehenden Gelenke aus nicht mittheilt.

§ 29.

Die das Gehen unterstützende Aktion der Rumpfmuskulatur wird wesentlich gefördert durch die Bewegung der oberen Extremitäten, deren Energie bei ungezwungenem Gehen mit derjenigen der untern wächst und abnimmt.

Die Beobachtung, dass sich die vertikal schwingenden Arme mehr der horizontalen Stellung nähern, je schneller der Gang wird oder je mehr äussere Hindernisse zu überwinden sind, wie beim Marschiren gegen starken Wind, durch Wasser u. s. w., weist darauf hin, dass durch die Schwungkraft der

Arme eine Verstärkung der Rumpftorsion herbeigeführt werden soll. Ueber-einstimmend mit dieser schwingen desshalb die oberen Extremitäten entgegen-gesetzt zu den unteren. Die verstärkten Torsionsbewegungen des Rumpfes führen zu stärkeren Dehnungen und damit zu erhöhter Leistungsfähigkeit seiner Muskeln, welche durch Vermittlung des Beckens auch wieder den Funktionen der Muskeln der unteren Extremitäten zu Statten kömmt.

Ausser dieser indirekten Einwirkung auf die Fortbewegung des Körpers wäre bei energischer Mithilfe der oberen Extremitäten beim Gehen noch an einen unmittelbar beschleunigenden Einfluss derselben zu denken in Folge der Bewegungen, welche in ihnen selbst vor sich gehen.

Der bei den unteren Extremitäten geschilderte Typus der spiraligen Windung der Knochen, Bänder und Muskeln findet sich nemlich auch hier wieder und ist entsprechend der freieren Beweglichkeit der oberen Extremität bei dieser noch reiner vorhanden. Besonders deutlich zeigt sich dies an der Hand, wo das Verhältniss der beiden Spiralsysteme zu einander in der Stellung und Bewegung des Daumens gegen die vier übrigen Finger zum äusserlich leicht wahrnehmbaren Ausdruck gelangt.

Das Spiel dieser beiden Systeme führt zu denselben charakteristischen schraubig windenden Bewegungen in der Kontinuität der Extremität während ihres Hin- und Zurückschwingens, und ähnlich wie den Flügeln beim Fliegen dürfte auch ihnen die Luft zum Angriff dienen, so dass ein Fortschrauben der oberen Körperhälfte in derselben dem analogen Mechanismus der untern auf dem Boden zu Hilfe käme.

In einem dichteren Medium als der Luft, im Wasser, lässt sich ein solches Fortschrauben der oberen Extremitäten beim schulgerechten Schwimmen deutlicher erkennen.

Die Arme werden dabei unter Streckung in allen Gelenken nach vorn gestossen und gleichzeitig gegeneinander rotirt. Auch hier summiren sich die Drehungsbeträge der einzelnen Gelenke im letzten Gliede der Extremität, in der Hand. Diese führt sie daher in der ausgiebigsten Weise aus und bietet dem Wasser für die Lokomotion die relativ grösste Fläche dar.

Der Körper arbeitet sich durch diese Bewegungen seiner Glieder in ähnlicher Weise fort, wie das Schiff durch seine Schraube.

Jene können aber nicht kontinuirlich in derselben Richtung weiter gedreht werden, wie diese, sondern müssen sich nach einer Viertelsumdrehung wieder zur ursprünglichen Gestalt zurückwinden.

Dieses Zurückwinden unter entgegengesetzter Rotation und Beugung in den Gelenken kann aber die fördernde Wirkung der vorausgegangenen windenden Schraubenbewegung nicht aufheben, weil während des Aufdrehens der Windung die Bewegung ihren schraubenartigen Charakter verliert.

Dies abwechselnde Zu- und Wiederaufwinden und der damit verbundene lokomotorische Effekt spielt wahrscheinlich auch bei der Flugbewegung eine hervorragende Rolle.

§ 30.

Wie die untere, so schwingt auch die obere Extremität jeder Seite während eines Doppelschrittes einmal in der Richtung der Fortbewegung hin und zurück. Die in den Gelenkenden der Knochen gelegenen Achsen für diese Vertikal-schwingungen drehen sich während der letzteren auch hier zugleich mit den Rotationen der Knochen um ihre Längsachsen, so dass die Ebenen jener Schwingungen abwechselnd ab- und adduktorisch von der Gehrichtungsebene abweichen.

Analog dem Becken dreht sich auch der in sich selbst beweglichere, nach hinten offene knöcherne Schultergürtel, welchen die beiden Schulterblätter mit den Schlüsselbeinen und dem sie verbindenden obern Theile des Brustbeins bilden. Senkung und Hebung, Vor- und Zurückgehen der Schulter jeder Seite, wechselnde Neigung des Gürtels gegen die Horizontale vervollständigen den Effekt der Torsion des Rumpfes für das Spiel der Muskeln während des Gehens und erhöhen den Werth der Exkursionen der oberen Extremitäten.

Der *m. levator scapulae*, welcher von den Querfortsätzen der vier oberen Halswirbel zum inneren oberen Winkel des Schulterblattes geht,

die *mm. rhomboidei*, welche von den Dornfortsätzen der zwei letzten Halswirbel und der vier oberen Brustwirbel kommend sich längs des hintern Randes desselben ansetzen, und der von hier aus um die Seitenfläche des Thorax herum sich nach vorn zur äusseren Fläche der acht oberen Rippen windende *m. serratus anticus major* bilden einen Muskelkomplex, welcher sich der Torsion des Rumpfes gegenüber ähnlich verhält, wie der m. obliquus ab-dominis externus sammt dem m. intercostalis externus derselben Seite. So lange die linke Seite noch frei beweglich ist (bis 1) wird der Zug nach oben und hinten gerichtet sein, das Schulterblatt wird sich der Mittellinie des Rückgrates nähern, und da der Verkürzungsbetrag der unteren längeren Fasern des Muskels relativ grösser ist, mit seinem hinteren Rande ihr mehr parallel stellen, so dass der hintere Winkel gehoben, das Acromion aber ge-senkt wird.

Diese Senkung ist aber zugleich wieder eine Folge der Spannung des *m. pectoralis minor*, welcher von der Vorderfläche des Brustkorbes zum Rabenschnabelfortsatz des Schulterblattes aufsteigend durch das Zurückweichen desselben gedehnt wird.

Mit dem Auftreten des linken Beins und der Umkehr der Zugsrichtung nach unten zieht der m. serratus anticus major das Schulterblatt wieder nach vorn abwärts, entspannt den m. pector. min. und mit der Senkung des hintern Winkels hebt sich das Acromion wieder.

Die Hebung desselben erfolgt aber auch andererseits durch die Kontraktion der langen, vom hinteren Rande des ligamentum nuchae herabkommenden *Trapeziusfasern*, welche sich an das äussere Ende des Schlüsselbeins, das Acromion und an den Schulterkamm ansetzen und durch die Torsion der Halswirbelsäule in 1 in genügende Spannung gerathen sind, während die kürzeren, mehr horizontalen, quer von den Dornfortsätzen der unteren Hals- und oberen Brustwirbel zum Schulterkamm verlaufenden mittleren Parthieen des m. trapezius eher beim Beginn der in Rede stehenden Aktion in die Funktion der m. rhomboidei einzugreifen scheinen.

Wie beim Becken und Oberschenkel, so entsprechen auch die Bewegungen des Schulterblattes verwandten Bewegungen des Oberarms.

Indem zunächst immer eine Aenderung der Winkelstellung zwischen beiden geschaffen wird, werden die über die wachsenden Konvexitäten hinübergespannten Muskeln gedehnt.

Wenn das Schulterblatt bei seiner kreisförmigen, der Thoraxwölbung folgenden Exkursion nach vorn seine hintere Fläche mehr lateralwärts stellt, so wird seine Gelenkfläche am Oberarmkopf nach hinten gleiten. Hierdurch werden die mm. *teres major* und *subscapularis* gedehnt werden, die von der vorderen Fläche und dem unteren Rande des Schulterblattes entspringend zum tuberculum minus und dessen spina ziehen und den Oberarmkopf vorn umgreifen.

Der Drehung des Schulterblattes nach vorn werden diese Muskeln also die Rotation des Armes nach innen folgen lassen.

Ebenso wird die Rotation des Arms nach aussen eine Folge der Drehung des Schulterblattes nach hinten sein, bei welcher seine Gelenkfläche am Gelenkkopfe des humerus nach vorn gleitet, wodurch die über dessen hintere Fläche hinwegziehenden, am tuberculum majus sich inserirenden Sehnen des m. *infraspinatus* und m. *teres minor* gedehnt werden, welche von der hinteren Fläche des Schulterblattes unterhalb seiner spina und vom äusseren Rande desselben entspringen.

In analoger Weise wird die Senkung und Hebung des acromion zu Senkung und Hebung des Armes führen.

Die Drehungen des Oberarmknochens um seine Längsachse während der Armschwingung bedürfen wohl kaum eines experimentellen Nachweises, da sie an den Drehungen des Winkels, den derselbe mit dem Ellenbogenbein bildet, deutlich zu erkennen sind.

Denn wenn auch die Gelenkverbindung zwischen beiden keine rein charnierartige ist, so ist doch die rotatorische Beimischung, die dem Gelenk einen schraubigen Charakter verleiht, so minimal, dass sie hier füglich ausser Betracht bleiben kann.

Der Ellenbogengelenkswinkel ist beim linken Arm in 1 nach vorn lateralwärts, in 4 nach vorn medianwärts gerichtet; humerus und ulna müssen also bis 1 nach aussen, bis 4 aber nach innen rotiren, und diese Oscillation um die Längsachse wird durch die oben erwähnten Ein- und Auswärtsroller des Oberarms bewirkt, durch die mm. subscapularis und teres major und die mm. infraspinatus und teres minor.

Zu den ersteren gesellt sich aber noch die Wirkung derjenigen grösseren Muskeln, welche die Armschwingungen unterhalten, der *mm. pectoralis major* und *latissimus dorsi.*

Dieser steigt mit mächtiger Fleischmasse vom hintern Rande des Darmbeins, den drei untersten Rippen und der Lumbodorsalfascie sowie von den unteren Brustwirbeln zum Oberarm hinauf, wo er sich mit einer glatten Sehne in Gesellschaft des subscapularis und teres major am tuberculum minus und dessen spina ansetzt. Während diese Muskeln mit ihren Sehnen den Hals des humerus von hinten her umgreifen, legt sich diejenige des m. pectoralis major, dessen Muskelmasse den ganzen Raum zwischen Brustbein und den zwei inneren Dritteln des Schlüsselbeins einnimmt, von vorne her über denselben, um sich an der spina tuberculi majoris anzusetzen. Nach oben gehen seine Fasern in diejenigen des *m. deltoideus* über, welche in fortlaufender Linie vom äusseren Drittel des Schlüsselbeins, vom Acromion und dem Schulterkamm entspringend sich gegen die Mitte des Oberarmbeins hin an einer rauhen Stelle ansetzen, die bei ruhig herabhängendem Arme medianwärts sieht.

Seine vorderen Fasern werden wie die Sehnen der oben genannten Muskeln während der Rotation des humerus flach aussen auf diesen aufgewickelt. Letztere beginnt während der Rückschwingung zwischen 4 und 5, für welche sie zunächst die nöthige Spannung des m. latissimus dorsi unterhält, und dauert noch fort, wenn der Arm in 1 schon anfängt, nach vorn zu schwingen. Man kann sich hievon durch direkte Beobachtung leicht überzeugen und steht dies Verhalten auch in Einklang mit der Bewegung des Schulterblattes, dessen Exkursion nach hinten erst mit der Umkehr der Richtung des Muskelzuges nach erfolgtem Auftreten des vorgeschrittenen Beins vollendet ist.

Die den Arm senkende Schlussaktion des m. latissimus dorsi geht mithin auf die unteren Fasern des m. pectoralis major über, welch' letzterer zugleich die Schwingung nach vorn einleitet, und indem sich nun auch die ebenfalls aufgerollten vorderen Fasern des m. deltoideus an der Aktion betheiligen, wird der gesenkte Arm wieder gehoben.

In dem Maasse aber, als jetzt das Oberarmbein zwischen 1 und 2 einwärts rotirt und die oberen und hinteren Fasern des m. deltoideus auf ihn aufgewickelt werden, übernehmen diese die fernere Hebung des Armes bis nach 4, wo der m. latissimus dorsi ihn wieder herabzieht.

Da derselbe bei erhobenem Arme in 4 mit seiner Anfangsspannung senkrecht gegen die Längsachse des Oberarmes angreift, so wird er die noch in schiefer Richtung ziehenden Auswärtsroller überwinden, bis mit der durch ihn bewirkten Senkung und Rückbewegung des Armes das Verhältniss sich umkehrt und jene den Arm nach aussen rotiren.

Wie also die Rotation nach aussen noch fortdauert, wenn der Arm schon seine Schwingung nach vorn begonnen hat, so rotirt nach Beginn der Rückschwingung in 4 der Arm noch eine kurze Zeit nach innen. Auch dies wird durch Beobachtung der Armbewegung beim Gehen bestätigt.

§ 31.

Die Rotationen des Oberarmbeines um seine Längs- und Queraclisen werden auf dieselbe Weise wie bei den unteren Extremitäten durch Muskeldehnung und nachfolgende Kontraktion auf den Vorderarm und die Hand weitergeleitet.

Die vom oberen Rande der Schultergelenkpfanne herabkommende Ursprungssehne des langen Kopfes des *m. biceps* wird über den, während der Senkung des Armes in 1 unter jenem Rande hervorrollenden Gelenkkopf hinübergewölbt, indessen auch der vom Rabenschnabelfortsatze des Schulterblattes entspringende kurze Kopf desselben Muskels durch die Schiefstellung des Oberarms nach hinten und dessen Rotation nach aussen gedehnt wurde.

Auch von seiner tiefen Ansatzsehne her, welche sich über die Vorderfläche des Ellenbogengelenks hinweg zu der bei der mittleren Ruhestellung der Vorderarmknochen mehr nach hinten gekehrten tuberositas radii begibt, indem sie sich über sie aufrollt, würde der m. biceps durch die Streckung des Gelenkes ebenso gedehnt werden, wie der vom Oberarmbein entspringende und am processus coronoideus ulnae sich inserirende zweite Beuger des Vorderarmes, der *m. brachialis internus*, wenn nicht die während der Streckung funktionirenden Supinations-Muskeln des Vorderarmes seine tiefe Sehne von der tuberositas radii bis zu einem gewissen Grade abwickeln und ihn so wieder entspannen würden. Je mehr aber die Kontraktionskraft der Supinatoren gegen das Ende der Supination hin abnimmt, desto mehr übernimmt der m. biceps selbst ihre Funktion und führt sie zu Ende, während der m. brachialis internus schon die Beugung einleitet. Sogleich kehrt aber jetzt die Supination in Pronation um, die tiefe Sehne des biceps wird wieder auf die tuberositas aufgerollt, und die dadurch veranlasste Dehnung unterhält die Spannung des Muskels bis zum Ende der Beugung des Vorderarmes.

Die Pronation selbst wird durch einen Komplex von Muskeln bewirkt, welche vom epicondylus humeri internus in mehr oder weniger schiefer Richtung gegen die laterale Fläche des Vorderarms und der Hand verlaufen.

Es sind dies:

Der *m. pronator teres*, über die Vorderfläche der ulna und den radius hinweg quer abwärts zur Mitte der lateralen Fläche des radius.

Der *m. radialis internus* ebenfalls schief, aber etwas steiler gegen das untere Ende des radius hin zur Basis des zweiten Mittelhandknochens.

Der *m. flexor digitorum sublimis*, in vier Stränge gespalten zum zweiten Gliede des zweiten bis fünften Fingers, der *m. flexor digitorum profundus*, zum letzten Gliede derselben Finger.

Ferner geht vom epicondylus humeri internus der *m. ulnaris internus* an das Erbsenbein und den fünften Mittelhandknochen und nimmt vom Olecranon an bis herunter zum unteren Drittel der ulna schräg lateralwärts verlaufende Muskelbündel auf (Ulnarkopf des m. ulnaris internus), welche mit membranartiger Sehne (Henle) von der hinteren Kante der ulna entspringen;

und schliesslich der *m. pronator quadratus*, vom unteren Ende der vorderen Kante der ulna quer zur vorderen Fläche des radius.

Diese Muskeln werden je nach der Schiefheit ihres Verlaufes mehr oder weniger schon durch die Supinationsbewegung gedehnt. Sobald aber nach kaum begonnener Vorschwingung des Armes und Beugung im Ellenbogen der humerus um seine Längsachse einwärts rotirt, so dreht sich mit ihm auch die ulna vermöge ihrer charnierartigen Gelenkverbindung um dieselbe Achse und in demselben Sinne um den radius mit der Hand.

Diese Rotation wird ermöglicht durch das vom Charniergelenk zwischen humerus und ulna unabhängige, sehr bewegliche Drehgelenk, durch welches das Köpfchen des radius nach oben mit der eminentia capitata humeri, und seitlich mit dem sinus lunatus ulnae artikulirt; sowie durch das Gelenk zwischen dem unteren Ende der ulna, ihrem processus styloideus mit der oberen Fläche der Bandscheibe des Handgelenkes und dem sinus lunatus des radius.

In Folge dieser Rotation kehrt sich der epicondylus humeri externus gegen die Vorderfläche des radius und der Hand, der epicondylus internus dagegen sammt der ulna von ihr weg nach hinten. Die von letzteren entspringenden Pronatoren und Flexoren gelangen daher jetzt zur Aktion und zwar der Reihe nach desto früher, je schiefer ihre Richtung und je kürzer ihre Fasern sind. Der Pronator quadratus und teres werden den radius und die Hand der vorderen Fläche der ulna wieder entgegen drehen, d. h. den Vorderarm proniren und hiebei durch die übrigen Muskeln unterstützt werden, die zugleich die Hand und die Finger etwas beugen und erstere leicht gegen die Ulnarseite hin neigen werden.

Wie die Pronation aber auch wieder durch Vermittlung des m. biceps die Beugung im Ellenbogengelenk unterhält, wurde oben gezeigt.

Gleich dem m. biceps in 1 ist am Ende des Vorschwingens in 4 der Strecker des Vorderarmes, der *m. triceps* gespannt.

Sein langer Kopf, vom unteren Rande der Gelenkpfanne herabkommend, wurde durch das Erheben, Vorschwingen und Einwärtsrotiren des Armes gedehnt; die vom Oberarmknochen entspringenden beiden anderen Köpfe aber — der kurze und der tiefe Kopf — durch das Olecranon, die Insertionsstelle der gemeinschaftlichen Sehne, welches als kürzerer hinterer Hebelarm des Vorderarmes bei dessen Beugung nach unten gezogen wurde.

Wenn jetzt der triceps das Ellenbogengelenk streckt und bald nach Beginn der Streckung und Rückschwingung des einwärts rotiren'len Armes (m. latissim. dorsi) dieser auswärts rotirt (mm. infraspinatus und teres min.), so kehrt auch die Pronation des Vorderarmes um in Supination.

Vom Condylus externus humeri und dem oberen Ende der ulna her windet sich der *m. supinator brevis* um den oberen Theil des radius herum zu dessen vorderer Fläche in der Gegend seiner tuberositas.

Vom ligamentum intermusculare laterale un von der lateralen Kanten des Oberarmbeins oberhalb des epicondylus externs humeri geht der *m. brachio-radialis (m. supinator longus)* zum processus styloideus radii und dem ligamentum carpi commune. Vom epicondylus extern. und dessen Nachbartheilen die *mm. radiales, longus et brevis*, ersterer an die Basis des zweiten, letzterer an diejenige des dritten Mittelhandknochens.

Von der äussern Fläche der ulna schief über die Rückenfläche des radius weg nach unten, der *m. abductor pollicis longus* zur Basis des ersten Mittelhandknochens, der *m. extensor pollicis brevis* zur Dorsalfläche der zweiten Phalanx, der *m. extensor pollicis longus* zu derjenigen der letzten Phalanx des Daumens.

Ferner vom epicondyl. extern. der *m. extensor digitorum communis* zur Dorsalfläche der Phalangen des zweiten bis fünften Fingers, und der

m. ulnaris externus vom epicondyl. extern. und der Fascie des Vorderarmes
zur Basis des fünften Mittelhandknochens.

Alle diese Muskeln wurden während der Pronation des radius auf diesen
aufgewickelt; doch erreichte die Dehnung wegen der gleichzeitigen Beugung
im Ellenbogen noch nicht den für ihre Kontraktion genügenden Grad.

Erst wenn der humerus mit der ulna nach begonnener Streckung nach
aussen rotirt und hiemit die windende Bewegung, welche der radius und die
Hand gegen ihn und die ulna ausgeführt hatten, von oben her noch weiter
führt, so wird dadurch sowie durch die jetzt ausgeübte Streckung der dehnende
Effekt der vorausgegangenen Pronation des Vorderarms erhöht und die in
Rede stehenden Muskeln drehen der Reihe nach die Hand wieder nach aussen
und strecken die Finger.

Ein Blick auf die Länge und den Verlauf der Fasern dieser Muskeln
genügt, um darüber zu belehren, dass Streckung und Abduktion des Daumens
nicht gleichzeitig mit der Streckung der übrigen Finger abläuft.

Wie im Schultergelenk die beiden Oscillationen sich nicht decken, so
geschieht auch im Ellenbogengelenk die Umkehr von Streckung zu Beugung
und von Beugung zu Streckung während der Supination und Pronation und
ebenso umgekehrt.

In Folge dieser Erhöhung des Effektes der charakteristischen Kombination der beiden Oscillationen für den Vorderarm und die Hand sind die Achtertouren der letzteren während des Gehens leicht wahrzunehmen und wohl
gelegentlich schon Jedem meiner Leser an den Bewegungen seines Spazier-
stockes aufgefallen.

§ 32.

Aus diesen Betrachtungen über die Bewegungen der oberen Extremität
beim Gehen geht hervor, dass auch hier sämmtliche Drehungen der Knochen,
welche zu den typischen Formveränderungen des Skelettes führen, von einem
Knochen auf den anderen fortgeleitet werden.

Bei der oberen Extremität, wo unter gewöhnlichen Verhältnissen beim
Gehen der Muskelzug immer gegen das centrale Ende hin gerichtet ist, pflanzen
sich auch die Drehungen der Skeletttheile immer vom Schulterblatte gegen
die Hand hin fort.

Aber auch bei solchen Bewegungen des Vorderarmes und der Hand,
welche wir zu verschiedenen anderen Zwecken ausführen, kann man zuweilen
ihren centralen Ursprung nachweisen. Wenn wir z. B. bei mässig gestrecktem
Ellenbogen die Hand in Pro- und Supinationsstellungen zu bringen suchen,

so bewerkstelligen wir dies durch Rotationen des Oberarmbeins um seine Längsachse, wie wir an dem Hin- und Hergleiten des epicondylus humeri internus unter einem Finger oder noch besser unter der aufgelegten Volarfläche der andern Hand bemerken können.

Die Rotationen des Oberarmbeins werden von seiner Gelenkverbindung mit der ulna aus direkt auf letztere übertragen, deren rotirende Bewegungen am unteren Drittel ihrer hinteren Kante deutlich zu fühlen sind.

Bei oberflächlicher Beobachtung und der Empfindung nach, welche man bei diesen Bewegungen hat, ist man versucht zu glauben, dass nur der Vorderarm mit der Hand durch deren Pro- und Supinatoren bewegt werden und es haben desshalb die hiebei stattfindenden drehenden Bewegungen der ulna einigen Autoren Veranlassung dazu gegeben, eine weit freiere Artikulation derselben gegen den humerus anzunehmen, als sie die vorwiegend charnierartige Verbindung zwischen beiden erlaubt.

Wenn wir die fraglichen Drehbewegungen der Hand bei im Ellenbogen gebeugtem Arme ausführen, wann die Längsachsen beider Knochen in spitzem Winkel aufeinander treffen, dann gleitet die Ulnarkante nur sehr wenig oder gar nicht unter dem Finger hin und her, rotirt also nicht.

Es wäre möglich, dass durch äusserst minimale Bewegungen centraler Theile, deren Auswahl je nach ihrem augenblicklichen Werthe wir durch Uebung und Erfahrung von Jugend auf richtig zu treffen gelernt hätten, eine Reihe komplizirter Bewegungen peripherischer Theile erzielt würden, welche hiezu keiner besonderen direkten Muskelerregung von Seite ihrer Nerven bedürften.

Dass wir das Moment der Muskeldehnung auch für andere willkürliche Bewegungen der Extremitäten benützen und besonders auch in den Fällen, in welchen es uns nicht darum zu thun ist, durch Mitbewegung centraler Knochen grössere Exkursionen zu erzielen, dürfte dafür sprechen, dass wir uns hier in der That eines Vortheils bedienen, der uns aus der Erfahrung bekannt ist, und welcher nur in dem Verhalten des Muskels gegen Dehnung begründet sein kann. Letztere darf die Kraft, welcher sie ihre Entstehung verdankt, nicht einfach durch den Muskel wie durch einen elastischen Körper weiterleiten, sondern sie muss als Reiz, als auslösende Kraft auf den Muskel einwirken, wenn dieser durch sie in einen höheren Grad von Leistungsfähigkeit versetzt werden soll.

Dass der Muskel durch Dehnung beim Lebenden leistungsfähiger wird, ist seit langer Zeit bekannt. Schon Borelli (*de motu animalium, Luyduni 1685*) hat gezeigt, dass man auf Einem Beine stehend mit dem im Knie gebeugten und horizontal nach hinten gerichteten Unterschenkel des anderen Beins ein grösseres Gewicht tragen könne, wenn der Oberkörper und mit ihm das Becken sich nach vorn neigt, als bei aufrechter Haltung, weil im ersteren Falle die Beugemuskeln des Unterschenkels durch das Emporsteigen des tuber ischii während der Beckenneigung gedehnt würden. Neuere Forscher, wie Duchenne, A. Fick, Hüter, Henke, E. Fick u. A. haben ein analoges Verhalten bei verschiedenen anderen bi- und polyarthrodialen Muskeln gefunden und im „Archiv für pathol. Anatom. und Physiol. Band 46, S. 32 u. ff." führt Hüter mehrere, der täglichen Erfahrung entnommene, sehr instruktive Beispiele praktischer Anwendung desselben an.

Er macht darauf aufmerksam, dass wir die Hand dorsalflektiren, damit die hierdurch gedehnten Fingerbeuger die kräftigen Züge einer Charakterschrift, oder auf dem Pianoforte das Staccato, oder bei einer chirurgischen Operation den kühnen Schnitt durch die Weichtheile hervorbringen; dass wir sie dagegen volarflektiren, die Beugemuskeln also entspannen für den „elegischen weichen Anschlag eines seelenvollen Akkords", für eine vorsichtig dissecirende Trennung der Gewebe mit dem Messer u. s. w.; und weist schliesslich auf die Darstellungen der bildenden Kunst hin, auf die dorsalflektirte Hand des Feldherrn, der den Feldherrnstab, und des Gesetzgebers, der die Gesetzesrolle hält.

Ein weiteres Beispiel praktischer Verwerthung von Erfahrungen in Beziehung auf Muskeldehnung füge ich hier hinzu, weil ich glaube, dass dadurch eine Frage erledigt werden dürfte, welche in einer neuerdings erschienenen Arbeit von W. Braune und A. Flügel über Pronation und Supination des menschlichen Vorderarmes (Archiv für Anatom. und Physiolog. 1882. Anatom. Abth. S. 191) offen gelassen wurde: die Frage nemlich, warum sämmtliche Schrauben und Bohrer von links nach rechts gewunden, also durch Supination in Bewegung gesetzt werden, obgleich, wie die beiden Forscher gefunden, die Pronationskraft sich zur Supinationskraft im günstigsten Falle wie 6 : 3, im ungünstigsten wie 6 : 5 verhält.

Der Grund dieser praktischen Regel liegt wohl in der nothwendigen Kombination einer der beiden Rotationen des Vorderarmes mit Streckung des Armes im Ellenbogengelenk, wodurch der zum Bohren und Schrauben nöthige Druck in der Richtung des Eindringens des Instrumentes ausgeübt wird.

Die bei der Pronation stattfindende Dehnung des m. biceps durch Aufwicklung seiner stärksten tiefen Sehne auf die tuberositas radii steigert dessen Spannung, so dass die Streckkraft des m. triceps für die äussere Arbeit nicht so vollständig zur Geltung gelangen kann, wie wenn bei der Supination der m. biceps in Folge Abrollung seiner Sehne von der tuberositas entspannt wird.

Wenn nun durch die oben erwähnten Forscher der Vortheil der Muskeldehnung für die zwei- und mehrgelenkigen Muskeln konstatirt wurde, so glaube ich durch meine Ausführungen gezeigt zu haben, dass auch diejenigen Muskeln, welche blos über Ein Gelenk hinwegziehen, dieses Vortheils theilhaftig sind, und zwar in Folge der doppelten Rotation der Knochen um ihre Längs- und Querachsen, von denen immer die eine die Spannung während der Kontraktion unterhält, welche die andere durch Dehnung herbeigeführt hat.

Dass diese Beziehung zwischen den beiden Rotationen sich nicht bei allen Muskeln in gleich einfacher Weise ergiebt, dürfte darin seinen Grund haben, dass eben zu Dehnungen von Muskelfasern nicht nur die Bewegungen ihrer Insertionsstellen, sondern auch die Verschiebungen ihrer Nachbargewebe Veranlassung geben können, mit welchen sie mehr oder minder fest durch Bindegewebe verwachsen sind.

Die Berücksichtigung dieses Umstandes müsste eine auf alle Muskeln ausgedehnte diesbezügliche exakte Untersuchung erheblich kompliziren.

IX.

Bewegungen, welche denjenigen beim Mechanismus des Ganges verwandt sind.

§ 33.

Die Absicht, meine Auffassung der Vorgänge im Mechanismus des Ganges, welche ich soeben zu entwickeln versucht habe, und für welche in der gegebenen Ausdehnung in Ansehung der Schwierigkeiten, die experimentellen Untersuchungen entgegenstehen, noch für lange Zeit eine exakte Grundlage fehlen dürfte, aus welcher sie mit unumstösslicher Sicherheit gefolgert werden könnte, durch Herbeiziehung weiterer Wahrscheinlichkeitsbeweise zu stützen, mag es entschuldigen, dass ich mich hiezu auf ein Gebiet von Bewegungen wage, welche auf den ersten Blick mit unserm Gegenstande nichts gemein zu haben scheinen.

Indem ich auf den hier ausgesprochenen Zweck einer solchen Abschweifung aufmerksam mache, sehe ich von einer erschöpfenden Behandlung der in das Bereich unserer Untersuchungen hereinzuziehenden Objekte, soweit sie unter Benützung der einschlägigen reichen Litteratur möglich wäre, ab, und begnüge mich im Ganzen mit der Hinweisung auf Analogieen, welche sich bei einer den bisherigen Entwicklungen ähnlichen Betrachtung ergeben.

Die Kombination wissenschaftlich konstatirter Thatsachen mit den Resultaten unmittelbarer Anschauung hat uns zu dem an sich schon wahrscheinlichen Ergebniss geführt, dass ein inniger Zusammenhang zwischen der Art der Fortbewegung des Körpers und der Beschaffenheit seiner Bewegungsorgane existire, dass die Formen der ersteren auf die der letzteren zurückführbar seien.

Wir haben gesehen, dass das Spiel der beiden Spiralsysteme periodisch wiederkehrende Formveränderungen der durch das Becken vereinigten Gliederkette der unteren Extremitäten veranlasst, welche durch abwechselndes Fixiren des einen und wieder des anderen Endes durch die Körperlast unmittelbar zur Lokomotion führen.

Diese Formveränderungen bestehen in Torsion und Detorsion der Gliederkette, verbunden mit einer wellenförmig fortschreitenden, von Gelenk zu Gelenk abwechselnden Streck- und Beugebewegung, welche sich bei jedem einzelnen Gelenk während jeder Bewegungsperiode je einmal wiederholen.

Bei der Torsion wird das eine stärker gewundene, formbeherrschende System aufgedreht, und sind es dessen eigene Muskeln, welche diese Aufdrehung bewirken.

In gleicher Weise stellen die durch diese aufdrehende Aktion mehr gewundenen Muskeln des andern Systems den status quo dadurch wieder her, dass sie sich durch Kontraktion zur ursprünglich schwächeren Windung zurückdrehen. Es resultirt hieraus, dass neben der Verdickung und Verkürzung dieser Muskeln auch eine Detorsion ihrer Windung zur Charakteristik ihres Kontraktionszustandes gehört.

Sollte sich dieser Satz allgemein bestätigen, so dürfte er einiges Licht auf Bewegungsvorgänge in Organen werfen, welche der direkten Beobachtung nicht, oder nur unter ganz besonderen Umständen zugänglich sind, welche aber durch Muskeln unterhalten werden, deren Anordnung unter sich und in Beziehung auf das Organ selbst im Prinzip mit derjenigen übereinstimmt, die wir oben für die Muskulatur der Extremitäten und des Rumpfes aufgestellt haben.

Ich habe hier zunächst die Bewegungen des Herzens im Auge, welche, wenn sie trotz der scheinbar grossen äussern Verschiedenheit als denjenigen der Extremitäten analog erkannt würden, neue klärende Gesichtspunkte für diese letzteren selbst und für das gegenseitig bedingende Verhältniss, in welchem Bewegung und Form zu einander stehen, sowie für die Eigenthümlichkeiten dieser beiden bieten würden.

Die Herzkammern bilden mit den ihnen zugehörigen grossen Gefässen spiralig gewundene Schläuche, deren Form und Grösse unter dem Einfluss ebenso gewundener Muskelsysteme stehen.

Der linke Ventrikel macht von der Herzspitze aus eine schraubenförmige Windung nach rechts, die sich in die Aorta ascendens und von ihr unter rascher Abnahme des Durchmessers der Windung in den Arcus Aortae und schliesslich in die Aorta descendens fortsetzt.

Die Führungslinie dieser Schraubenwindung ist eine Kurve.

Nach der gleichen Seite, also ebenfalls nach rechts gewunden ist der rechte Ventrikel mit der Arteria pulmonalis.

Der Durchmesser ihrer Windung ist jedoch schon von der Spitze des rechten Ventrikels an kleiner, so dass sie von der Windung der linken Kammer mit der Aorta umhüllt erscheint.

Die Muskulatur, welche die Ventrikel in Bewegung setzt, besteht, ähnlich wie bei den Extremitäten aus zwei sich kreuzenden Muskelsystemen, aus den sogenannten kreisförmigen, mehr in der Richtung der Horizontalfurche des Herzens verlaufenden und aus einer äussern und innern Lage sogenannter vertikaler Fasern, deren Richtung mehr der Herzachse entspricht.

An Mächtigkeit sind die ersteren bedeutend überwiegend. Sie sind in der Weise spiralig gewunden, dass sie ausser der spiraligen Krümmung noch eine zweite zu ihr senkrecht stehende, die Richtung ihrer Achse bezeichnende besitzen.

Der bedeutende Unterschied in der Stärke der Kreisfasern gegenüber den vertikalen weist auf eine Verschiedenheit ihrer Aufgabe hin, und wenn deren Erfüllung sich auch zeitlich auf die Dauer einer einmaligen Herzaktion vertheilt, so dürfte sich wohl nicht die gesammte Muskulatur des Herzens an der systolischen Zusammenziehung desselben betheiligen, die Aktionen der beiden Systeme vielmehr entsprechend der Systole und Diastole in der Weise miteinander abwechseln, dass die erstere eine Funktion der Kreisfasern, die letztere aber von den schwachen Lagen der vertikalen Fasern eingeleitet wird.

Der prinzipiellen Uebereinstimmung in der Form der bewegenden Organe bei den Extremitäten und dem Herzen würde dann auch ein analoges Muskelspiel während ihrer Funktion entsprechen.

Wie dort die Aktion durch die Strecker und Benger hindurch von einem System auf das andere gelangt, so fände auch hier ein allmäliger Uebergang von den einen Fasern zu den andern statt, indem sich die Kreisfasern immer steiler stellen, bis sie endlich in vertikale übergehen.

Wenn bei den Extremitäten die Muskelarbeit zum Zweck der Fortbewegung zunächst eine Gestaltveränderung des Skelettes herbeiführt, so dürfte eine analoge Gestaltveränderung der Herzhöhlen auch hier die nächste Wirkung der Kontraktion der mächtigen Lage der Kreisfasern sein.

Diese winden sich in spiraligem Lauf von der Herzspitze aus mit Linksdrehung gegen die Basis, nach welcher hin als relativ fester Stelle die bewegliche Spitze durch Muskelzug verschoben wird.

Wenn sich nun die Kreisfasern den oben betrachteten Muskelsystemen ähnlich verhalten, so müssen sich ihre Windungen während ihrer Kontraktion aufdrehen, und das Herz muss dadurch eine derartige Verschiebung in sich selbst erleiden, dass seine einzelnen Abschnitte, je weiter von der Basis entfernt, desto mehr nach links hin gedreht werden.

Die Herzspitze, welche die Summe aller über ihr gelegenen Theilbewegungen in sich vereinigt, wird hiebei die bedeutendste Exkursion machen und im Stande sein, der Brustwand ihre Bewegung als Herzstoss mitzutheilen.

Während sich so die linksgewundenen Kreisfasern aufdrehen, werden sich die nach rechts gedrehten Kammern mit ihren Arterien umgekehrt verhalten müssen; sie werden proportional der Erweiterung der Windung und der zunehmenden Beweglichkeit gegen die Herzspitze hin stärker zusammengewunden werden.

Der Effect für die Blutbewegung wäre einleuchtend.

Durch die mit wachsender Energie stattfindende windende Schraubenbewegung nach vorn abwärts und links würde das Blut mit proportional zunehmender Geschwindigkeit nach der entgegengesetzten Richtung, nach rechts oben getrieben, während es gleichzeitig durch das Zuwinden und die damit nothwendig verbundene Verengerung des Lumens der Ventrikel aus diesen herausgepresst würde.

Der linke Ventrikel hat die Aufgabe, das Blut in den Körper zu treiben; seine Windung ist entsprechend der grösseren Arbeit weiter, als diejenige des rechten, welcher das Blut in die Lungen schraubt.

Der Unterschied in dem zu überwindenden Widerstand findet somit seinen Ausdruck in dem Verhalten der Formen der Ventrikel. In analoger Weise fällt bei den Extremitäten demjenigen System die grössere Arbeit zu, welches sich durch den grösseren Umfang seiner Windungen vor dem andern auszeichnet.

Da die rotirende Bewegung gegen die Herzspitze hin zunimmt, so müssen sich die Ursprungsstellen der Papillarmuskeln aus der Herzwand, je näher dem Boden der Herzhöhlen, desto stärker im Sinne dieser Rotation verschieben, während der Anheftungsrand der Klappen, das ostium atrio-ventriculare gegen sie relativ in Ruhe bleibt.

Die Klappenzipfel werden hierdurch übereinander gedreht und das *ostium venosum* auf solche Weise abgeschlossen.

7*

Es wäre denkbar, dass der Unterschied in der Form der Klappen im rechten und linken Herzen mit dem Unterschied in dem Grade des Zusammenwindens der Ventrikel im Zusammenhang stünde.

Es würden also durch denselben Akt beide Ostien im nemlichen Moment geschlossen, in welchem das Blut aus den Kammern herausgewunden würde, und je energischer dies geschähe, um so fester würden auch die Klappen zugedreht und um so sicherer der Rückfluss des Blutes in die Vorkammern gehemmt.

Auf solche Weise wäre unter sonst normalen Verhältnissen der Klappenverschluss von der Integrität der Muskelfunktion abhängig, und wäre es leicht einzusehen, inwiefern Störungen dieser letzteren auch Störungen des Klappen-Mechanismus im Gefolge haben können.

Dieselbe typische Muskelanordnung wie bei den Kammern findet sich auch bei den Vorhöfen; nur ist hier der Unterschied in der Mächtigkeit der sich kreuzenden Lagen kein so bedeutender, wie bei jenen.

Wenn auch beim Herzen, wie bei den Extremitäten, das nach der gleichen Richtung gedrehte Muskelsystem der Kammern und Vorkammern gleichzeitig in Funktion tritt, wie aus der übereinstimmenden mechanischen Ursache und Art der Fortpflanzung der Kontraktion hervorgehen dürfte, so muss man annehmen, dass die Vorkammern mit den Vennen der spiraligen Windung der Kammern entgegengesetzt gedreht seien, da sich beide in Beziehung auf Füllung und Entleerung entgegengesetzt verhalten.

So würden die Vorhöfe von demselben Muskelsystem durch Aufdrehen für das einströmende Blut erweitert, von welchem gleichzeitig die Ventrikel zum Herauswinden des Blutes zusammengedreht werden.

Gleichzeitig mit den Ventrikeln würden durch die Aktion der Kreisfasern während der Systole auch die sich mit ihnen kreuzenden schwachen Lagen der longitudinalen Fasern zusammengewunden. Diese drehen sich nach Beendigung der Funktion der ersteren durch Kontraktion in ihre frühere Form wieder auf und stellen dadurch auch die ursprüngliche Gestalt und das Volum der Ventrikel wieder her, welche nun im Stande sind, das Blut aus den Vorhöfen aufzunehmen, nachdem durch das gleichzeitige Aufdrehen der Klappen die Kommunikation durch die Ostien wieder frei geworden ist.

Nach dieser Auffassung wären es nicht die abwechselnden Zusammenziehungen der Kammern und Vorkammern als solche, welche den Rhythmus der Herzbewegung verursachen, sondern die Kontraktionen zweier sich kreuzender spiralig gewundener Muskelsysteme, deren jedes sich über das ganze Herz sammt den Gefässen erstreckt und während seiner Thätigkeit seinen Einfluss auf sämmtliche Höhlen geltend macht.

Nun sind aber auch diese als zwei sich kreuzende ebenso gewundene Röhrensysteme zu betrachten, und der Effekt der Muskelwirkung ist daher bei beiden ein entgegengesetzter.

Dieser Gegensatz tritt bei jeder Kontraktion jeder der beiden Muskelsysteme hervor.

Ist zuerst das eine System thätig, so winden sich die Vorhöfe auf und schrauben das Blut aus den Venen an, indessen die stark torquirten Ventrikel ihr Blut hinauswinden: tritt hierauf das andere System in Funktion, so schrauben die Vorhöfe ihr Blut in die Ventrikel, die es durch Aufwinden und Anschrauben in sich aufnehmen.

Vergleicht man die relative Stärke der beiden Muskelsysteme, so findet man sie der Grösse ihrer Aufgabe entsprechend entwickelt.

Am auffallendsten ist der Unterschied in der Kammermuskulatur. Zum Wiederaufwinden der Ventrikel und zur Rückführung des Herzens in seine ursprüngliche Gestalt sind die spärlichen Longitudinalfasern genügend, während die Versorgung des gesammten arteriellen Systems mit Blut der mächtigen Lage der Kreisfasern bedurfte.

Die oszillirende Bewegung des Herzens ist denn auch keine gleichmässige und erfolgt nach vorn links unten mit weit grösserer Kraft und Schnelligkeit als nach der umgekehrten Richtung. Dies Moment ist vielleicht in der Anordnung der grossen venösen Ernährungsgefässe des Herzens nutzbar verwerthet.

Der *sinus coronarius*, die *vena coronaria magna* und *cordis media* vertreten durch ihre Verlaufsrichtung nur eines unserer Systeme, dasjenige mit Rechtsdrehung, stimmen also mit den Ventrikeln überein. Zu gleicher Zeit, in welcher diese in Folge der Kontraktion der Kreisfasern ihren Inhalt austreiben, schrauben also auch die Herzvenen ihr Blut in den rechten Vorhof zurück. Die Wirkung der darauffolgenden ohnehin weit schwächern Exkursion nach der andern Seite wird durch die Klappen paralysirt.

Die Herzarterien repräsentiren beide Spiralsysteme; die *art. coronaria sinistra* das mit Linksdrehung, die *art. coron. dextra* dasjenige mit Rechtsdrehung. Erstere erhält somit während der Aktion der Kammern einen Zuwachs an Triebkraft, für den sie in der starken Schlängelung ihrer Aeste und der Widerstandskraft ihrer innersten Haut Kompensationsvorrichtungen besitzt, letztere erleidet eine Einbusse, die jedoch dadurch geringer ausfallen dürfte, dass sich die Komponenten des Systems, dem sie angehört, in ihr differenziren, indem der Stamm vorwiegend horizontal, die Aeste aber in nahezu rechtem Winkel in ihn einmündend einen mehr vertikalen Bogen beschreiben.

Uebrigens ist wohl das mechanische Moment der Oszillation des Herzens für die Zirkulation in den Kranzarterien wegen des starken Blutdruckes in denselben von geringerer Bedeutung, als bei den Venen.

Da die Herzspitze im Herzbeutel immer frei beweglich bleibt und nie zum fixen Punkt für die rückführende Bewegung werden kann, so kann durch die Kontraktion keine Lage-, sondern nur eine Gestaltveränderung des Herzens herbeigeführt werden. Es wird desshalb weder das Aufrichten des Herzens, noch die Drehung desselben um seine Längsachse während der Systole sich auf das ganze Herz, sondern nur auf gewisse Abschnitte erstrecken, entsprechend der Formveränderung desselben während der Kontraktion.

§ 34.

Vorstehende Theorie der Herzbewegungen, welche ich aus meiner in dieser Abhandlung entwickelten Auffassung der Mechanik der Gehbewegungen abgeleitet und vor mehreren Jahren niedergeschrieben hatte, liess ich hier in der früheren unveränderten Fassung folgen, da sie inzwischen eine wesentliche Stütze erfahren hat durch die Experimente, welche Dr. F. Hesse in Leipzig unter Prof. C. Ludwig's Beistand zur Ermittlung der systolischen und diastolischen Gestalt des Herzens angestellt hat. (*Beiträge zur Mechanik der Herzbewegung von Dr. Fr. Hesse. Archiv f. Anatomie u. Physiologie 1880. Anatom. Abtheil.*)

Um die Formen der Ventrikelhöhle während der Systole und Diastole einer genauen Untersuchung zu unterziehen, wurde von zwei, einem Paare junger Hunde gleichen Wurfes lebensfrisch entnommenen Herzen, das eine unter geringem Drucke mit defibrinirtem Blute gefüllt und in eine kalte gesättigte Lösung von doppeltchromsaurem Kali gelegt; das andere entleert und durch dieselbe auf 50° erwärmte Lösung zur Wärmestarre gebracht.

Die Ventrikelhöhlen der so in diastolischer und systolischer Gestalt erhärteten Herzen wurden mit Gyps ausgegossen, und die so erhaltenen Formen vergleichend untersucht.

Hesse sagt hierüber S. 341: „Ausgüsse der systolischen Höhle zeigen den suprapapillären Raum als einen massiven Kern; nach abwärts setzt sich derselbe in vier, an eine gemeinsame Achse befestigte Blätter oder Flügel fort, entsprechend den vier Spalten. Die Vertiefungen zwischen den Flügeln entsprechen den grossen Wülsten, und wo diese längsgespalten waren, zeigt der Abguss eine kleine Längsleiste.

Was aber am meisten auffällt, ist eine äusserst klar ausgesprochene spiralige Drehung der Blätter. Dieselben laufen von der Basis zur Spitze rechts um, also umgekehrt wie die Muskellagen an der äussern Herzfläche.

Am erweiterten Herzen ist von einem spiraligen Verlauf der Vorsprünge an der Innenwand kaum eine schwache Andeutung zu sehen."

Zur Erforschung der Veränderungen der äusseren Formen des Herzens in Diastole und Systole wurde das lebensfrisch herausgenommene Herz eines Hundes unter geringem Druck mit dessen defibrimirtem Blute gefüllt (Diastole) und an der äussern Oberfläche der Ventrikel eine Anzahl kleiner schraubig gewundener Nadeln als Marken unverrückbar eingedreht. Nachdem hierauf ein Gypsabguss der Oberfläche des Herzens rasch hergestellt war, wurde das noch lebensfähige Herz durch Eintauchen in obige auf 50° erwärmte Lösung wärmestarr gemacht (Systole) und von Neuem abgegypst. Bei der Vergleichung dieser beiden Abgüsse äussert sich Verfasser:

„Die Rinne, welche die vordere Längsfurche am dilatirten Herzen bildet, ist jetzt in Folge der Abnahme der Wölbung des rechten Ventrikels ausgeglichen und ihr Verlauf ist nur noch durch die stark vorspringenden Koronargefässe deutlich angezeigt. Sie ist dabei nicht nur steiler geworden, sondern es ist dabei ihre spiralige Drehung noch mehr markirt."

Ferner: „Wenn man die Basis desselben diastolischen Herzens parallel zu einer unterliegenden Horizontalebene stellt und von den gleichen Marken der Basis aus die Lothe auf die Herzoberfläche zeichnet, so stellt sich heraus, dass im kontrahirten Herzen andere Punkte auf diese Lothe fallen, als am dilatirten. Es hat sich nemlich bei jenen die Aussenfläche des linken Ventrikels in der Richtung der vordern Längsfurche hin verschoben, d. h. der Ventrikel hat eine Drehung nach rechts um seine Längsachse erfahren; von der ruhig bleibenden Basis nimmt diese Drehung gegen die Spitze allmälig zu und lässt sich am leichtesten dadurch erkennen, dass die hintere Längsfurche am systolischen Herzen nicht mehr senkrecht verläuft, sondern von der Basis gegen die Spitze hin etwas nach links abweicht."

In Bezug auf den Einfluss des hieraus zu erschliessenden Mechanismus der Herzbewegung auf den Herzinhalt sagt Hesse: „dass der Blutstrom nicht einfach nach oben steigt, sondern in Folge der spiraligen Anordnung der Wülste und Furchen an der Innenwand der Höhle eine Rotation erhält, ähnlich, wie das Projektil eines gezogenen Geschützes, ist nicht durch direkte Beobachtungen ermittelt worden, ist aber nach dem Bau der Innenwand wohl kaum zu bezweifeln."

§ 35.

Wenn man beim Herzen, der Uebereinstimmung zwischen Bewegung und Form gemäss aus der Art und Weise des Faserverlaufes auf den Mechanismus der Herzthätigkeit schliessen musste, so bietet ein anderes nach demselben Prinzip gebautes muskulöses Hohlorgan Gelegenheit, seinen Mechanismus theilweise direkt zu beobachten. Es ist dies die weibliche Gebärmutter während des Geburtsaktes.

Bekanntlich denkt man sich zu genauerer Orientirung in der Beckenhöhle drei verschiedene Ebenen durch dieselbe gelegt, welche nach ihr Becken-Eingang, Becken-Höhle und Becken-Ausgang genannt werden.

Untersucht man jede dieser Ebenen in Bezug auf ihren Sagittal-, Frontal- und die beiden schrägen Durchmesser, so findet man dieselben bei normal gebauten Becken nicht gleich, sondern in einem bestimmten Grössenverhältniss zu einander stehend.

Dieses Grössenverhältniss ändert sich nun, wie man weiss, ganz allmälig von der oberen Oeffnung der Beckenhöhle gegen die untere hin, in welcher Richtung ausserdem eine allmälige absolute Grössenabnahme sämmtlicher Durchmesser stattfindet.

Demgemäss dreht sich z. B. der grösste Durchmesser des Beckeneingangs, der hier in frontaler Richtung steht, unter stetiger Abnahme gegen die Beckenhöhlen hin nach links oder rechts, so dass er in dieser die rechte oder linke Diagonale bildet und in Fortsetzung einer der beiden Drehungen im Beckenausgang in sagittale Richtung zu stehen kommt, die sich mit der frontalen, welche er im Beckeneingang hatte, rechtwinklig kreuzt.

Der grösste Durchmesser hat somit während seiner Wanderung durch das Becken ein Viertel des Umlaufs einer Schraubenwindung gemacht. Dasselbe findet bei jedem der andern Durchmesser statt.

Da die korrespondirenden Durchmesser der durch das Becken hindurchtretenden Kindestheile ebenfalls ungleich sind, so müssen sie sich den in der Beckenhöhle gegebenen Verhältnissen anpassen; es muss also der grösste Durchmesser des durchtretenden Kindstheils und mit ihm alle übrigen den schraubenförmigen Drehungen derjenigen des Beckens folgen.

Diese schraubenförmigen Drehungen der allmälig herabrückenden Kindestheile sind jedem Geburtshelfer bekannt — wie denn überhaupt diese Verhältnisse in jedem Lehrbuche der Geburtshülfe ausführlich erörtert werden — und können durch manuelle Untersuchung leicht nachgewiesen werden.

Besonders gut gelingt dies bei vorliegendem Schädel, wo die Nähte und Fontanellen genaue Anhaltspunkte abgeben.

Ist jener nach einer Viertelsumdrehung herausgeschraubt, indem sein längster Durchmesser, der sogen. diagonale, zwischen Kinn und Hinterhaupt, durch den grössten Durchmesser des Beckenausgangs, den sagittalen, hindurchgegangen ist, so tritt der Rumpf des Kindes durch das Becken, und nun kann man das Schraubenförmige dieser Bewegung an dem bereits geborenen Kopf, welcher dieselbe mitmachen muss, deutlich wahrnehmen.

Nimmt man an, der Kopf wäre in der sogen. ersten Schädelstellung — mit dem Hinterhaupt nach links — in das Becken getreten, und hätte die Viertelsumdrehung so gemacht, dass das Hinterhaupt vorn unter der Schamfuge heraustritt, so müsste eine weitere Viertelsumdrehung, die der geborene Kopf mit dem nun folgenden Rumpfe beschreibt, das Gesicht des Kindes nach der innern Fläche des linken mütterlichen Oberschenkels kehren, wenn die Richtung der Schraubenbewegung, mit welcher der Kopf ausgetreten ist, auch für den darauffolgenden Rumpf dieselbe bliebe.

Da sich aber in Wirklichkeit das Gesicht dem rechten mütterlichen Schenkel zukehrt, so geht daraus hervor, dass der Mechanismus sich nach der Geburt des Kopfes umkehrt, dass also der nachfolgende Rumpf mit entgegengesetzter Drehung herausgeschraubt wird.

Diese Thatsache, welche sich in gleicher Weise bei allen Kopf- und Beckenendlagen konstatiren lässt, kann in allgemeiner Weise so ausgedrückt werden, dass die beiden Hauptabschnitte des kindlichen Körpers — Kopf und Rumpf — unter normalen Verhältnissen in entgegengesetzter Richtung aus dem Becken herausgewunden werden.

Der Rückschluss auf den Modus der Funktion der beiden nach entgegengesetzten Richtungen spiralig gewundenen mächtigen Fasersysteme, aus welchen die Muskulatur des Uterus besteht, ist sehr naheliegend.

Beide Systeme wechseln in ihrer Thätigkeit in der Weise ab, dass dem einen die Austreibung des Kopfes, dem andern diejenige des Rumpfes obliegt.

Der Unterschied in der Grösse der Aufgabe ist nicht so bedeutend wie beim Herzen und daher auch der Kontrast zwischen der Mächtigkeit der beiden sich kreuzenden Fasersysteme kein so auffallender wie dort.

Die abwechselnde Thätigkeit der beiden Muskelsysteme des Uterus findet aber nicht nur in Bezug auf die beiden Hauptperioden des Geburtsaktes statt, sondern ist auch während jeder derselben wahrzunehmen, wenn, wie in der ersten Geburtsperiode immer, mehrere Kontraktionen zur Austreibung nöthig sind. So macht der schraubenförmig herabrückende Schädel nach jeder erfolgreich gewesenen Kontraktion eine Rückbewegung unter entgegengesetzter Rotation, welche anfangs ziemlich ausgiebig, bei weiterem Fortgang der Geburt und damit zunehmendem Widerstand der Weichtheile aber immer kleiner ausfällt, und desshalb wohl nicht auf blosser elastischer Rückwirkung, sondern auf wirklicher Muskelaktion des entgegengesetzten Fasersystems beruhen dürfte. Die Kontraktionen des Uterus während der Geburt erwiesen sich demnach als rhythmische und stimmten hierin mit den Bewegungen des Herzens und der Extremitäten beim Gehen überein. In der Störung dieses Rhythmus beim Tetanus uteri, wo sich beide Fasersysteme gleichzeitig kontrahiren und damit ihre windende Schraubenwirkung gegenseitig aufheben, ist wohl auch der Grund für die Erfolglosigkeit desselben für das Geburtsgeschäft zu suchen.

Wie das Blut aus dem Herzen, würde also auch die Frucht aus dem Uterus herausgewunden. Wenn dort einerseits die Kammern mit den Arterien, andererseits die Vorhöfe mit den Venen spiralig gewundene Kanäle bilden, welche sich mit isolirtem Verlauf nach verschiedenen Richtungen hinziehen, so vereinigen sich hier zwei ebensolche Kanäle zur Uterinhöhle, und markiren sich erst wieder gegen einander in Folge der Kontraktion ihrer Fasersysteme während des Geburtsaktes.

Aus der Richtung, welche die auszutreibende Frucht nimmt, ist zu schliessen, dass die Kontraktionswellen der Muskelfasern vom Hals der Gebärmutter aufwärts über den Körper derselben vorschreiten und sich am Grunde derselben verbreiten.

Uebereinstimmend mit der äussern Form des Uterus nimmt der Durchmesser der spiraligen Faserwindungen vom Grunde gegen den Hals hin allmälig ab, wodurch sie wie die Faserwindungen der Herzmuskulatur und, wiewohl etwas weniger deutlich, derjenigen der Extremitäten und des Stammes schneckenförmig erscheinen.

Auch sie zeigen, wie alle bisher betrachteten Muskelsysteme, beide senkrecht zu einander gerichteten bogenförmigen Komponenten und diese sind auch wieder in der Bewegung zu finden, welche der durchtretende Kindestheil ausführt.

Ausser der oben berücksichtigten Drehbewegung macht der Kindesschädel beim Herabrücken gegen den Beckenausgang einen ziemlich gestreckten vertikalen Bogen, indem das Hinterhaupt um das auf der Brust festgestellte Kinn vornabwärts rotirt. Hat ersteres den tiefsten Stand an der Schamfuge eingenommen, so wird es seinerseits zum Drehpunkt für das Kinn, das nun nach hinten abwärts aus dem Becken herausrollt. Punkte der Diagonale des Schädels beschreiben somit zuerst einen nach vorn, dann einen nach hinten konvexen Bogen.

Diese beiden vertikalen Bogen passen aber auch wieder genau zur Konformation des Beckens. Der erste nach vorn konvexe Bogen entspricht der Konvexität der Lendenwirbel und der vordern weichen Bauchwand, der zweite nach vorn konkave der Konkavität des Kreuz- und Steissbeines sammt der mit ihr konzentrischen Krümmung der hintern Fläche der Schambeinfuge.

Die Führungslinie durch die Beckenhöhle zeigt mithin dieselben Krümmungen, und die Kurve, welche ein einzelner Punkt des durch das Becken tretenden Kindesschädels beschreibt ist die bereits mehrerwähnte charakteristiche Schlangenlinie doppelter Krümmung.

Wie früher ausgeführt wurde, verbreiten sich die wellenförmigen Bewegungen während des Gehens über den ganzen Körper und ist es hauptsächlich das knöcherne Skelett, welches die Fortleitung desselben vermittelt, indessen die Weichtheile sie in Aktion zu setzen und zu reguliren bestimmt sind.

Es ist klar, dass diejenigen Organe, welche mit den Knochen in fester Verbindung stehen oder in einer ihrer Höhlen eingebettet liegen, die Bewegungen derselben mitmachen müssen.

Dies thut die nicht schwangere Gebärmutter, ebenso wie alle ihre Nachbarorgane, welche in der Beckenhöhle liegen. Im Zustande der Schwangerschaft aber verlässt sie dieselbe, allmälig in die Höhe steigend und sich der vordern Bauchwand zuwendend, die sie mehr und mehr hervorwölbt. Indem sie sich so vom Becken und der Wirbelsäule entfernt, nimmt sie einen Raum ein, in welchem sie, rings umgeben von Weichtheilen, am wenigsten von Bewegungen belästigt wird, die die ruhige Entwicklung der Frucht stören könnten. Erst wenn die Gefahr einer solchen Störung im letzten Monat mit der nahe vollendeten Ausbildung des Kindes beseitigt ist, und der untere Abschnitt der Gebärmutter an der Vergrösserung und Ausdehnung derselben sich betheiligt, wird diese allmählig von den Bewegungen des Beckens erfasst und heruntergeschraubt, bis letztere in ihr selbst so energisch angeregt werden, dass sie sich anschickt, ihre Furcht zu Tage zu fördern.

Auf solche Weise lässt sich der günstige Einfluss erklären, den reichliche, bis zum Ende der Schwangerschaft fortgesetzte Körperbewegung, besonders das Gehen, auf den Verlauf der Geburt ausübt. Es ist nicht allein die grössere Energie der Muskelfaser in Folge des mit dem Gehen verbundenen Genusses frischer Luft und vermehrten Stoffumsatzes; — die vorbereitende Thätigkeit in Bezug auf Herbeiführung günstiger Kindeslagen und die allmälige Einleitung von Gebärmutterkontraktionen durch die denselben harmonischen Bewegungen des Beckens während des Gehens verleiht diesem letztern eine ebenso wichtige unmittelbare Bedeutung für das Geburtsgeschäft.

Die grössere Breite des weiblichen Beckens, wie überhaupt die Erweiterung des horizontalen Bogens und Verkürzung des vertikalen beim weiblichen Körper, wie sie sich schon in der äussern Form deutlich kundgeben, mögen wohl auch die mechanische Wirkung der Gehbewegungen noch erhöhen.

108

Diese sind auch bekanntlich ein sehr wirksames Mittel zur Hervorrufung von Wehen im Anfang der Geburt, und würden zu diesem Zweck häufiger benutzt werden, wenn sie nicht gewisse Gefahren für den Geburtsverlauf gerade in dieser Geburtsperiode in sich schlössen.

§ 36.

Wie die Gebärmutter, so machen auch die Gedärme die schraubenförmig windenden Bewegungen des Beckens mit.

Diese theilen sich denjenigen Parthien des Dickdarms, welche wenig beweglich mit der Beckenwand verwachsen sind, unmittelbar mit. Es sind dies das *Colon ascendens, descendens* und das *Rectum*. Ihre Krümmungen stellen in verschiedenen Ebenen gelegene Abschnitte von Kurven dar, welche das Becken während seiner Bewegungen mit ihnen beschreibt. Sie werden desshalb der abwechselnden Thätigkeit der beiden nach rechts und links, auf- und abwärts drehenden Muskelsysteme entsprechend bald nach oben, bald nach unten, nach der einen oder der anderen Seite hin über ihren frei beweglichen Inhalt hinweggeführt.

Da der lokomotorische Effekt der drehenden Bewegungen von der Form und Lage der Organe abhängt, so mag schon hierin ein Moment für das Fortrücken des Darminhaltes nach einer bestimmten Richtung liegen. Gesichert wird aber der Weg der *Ingesta* vorzugsweise durch die Querfalten, deren freier Rand gegen die untere Oeffnung des Verdauungsrohres gerichtet, eine Verschiebung des Darmkontentums in umgekehrter Richtung nicht zulässt.

Das nahe der Mittellinie in der Kreuzbeinaushöhlung herablaufende *Rectum* repräsentirt vorwiegend den vertikalen Bogen der Beckenbewegung. Die hebende wird bei jedem Schritte sein Kontentum nach unten zu fördern suchen, wo ihm die Sphinkteren einen regulatorischen Widerstand entgegensetzen, während die stark gewundene und bewegliche *Flexura sigmoidea* das Andrängen nach oben beim Abwärtsrotiren des Kreuzbeins unschädlich macht.

Die *Flexura sigmoidea* scheint als eventuelle Kompensationsvorrichtung zwischen dem wenig beweglichen *Rectum* und *Colon descendens* ebenso eingeschaltet zu sein, wie zwischen diesem und dem *Colon ascendens* das bewegliche *Colon transversum*.

Die spiraligen Bewegungen, die sich vom Becken auf die Wirbelsäule fortpflanzen, theilen sich wohl auch dem *Mesenterium* des Dünndarms mit, das wie das Tuch einer Fahne hin und her wehend den Radius des horizontalen Bogens der federnden Bewegung der Wirbelsäule bedeutend verlängert und so

den an seinem Saume hinziehenden Dünndarm in bogenförmigen, der Wirbelbewegung konzentrischen Exkursionen hin- und herführt.

Sein breiiger Inhalt kann sich aber nur nach der Richtung hin bewegen,
nach welcher die zahlreich und dicht stehenden Querfalten gewendet sind.
Es wird demnach die von der Wirbelsäule auf den Dünndarm übertragene
Bewegung das Fortrücken des Darminhaltes nach unten unterstützen.

§ 37.

In analoger Weise, wie die Oscillation des Herzens als mechanischer
Faktor für die Blutbewegung in den grossen Herzvenen in Betracht kommt,
wird auch der Einfluss der oscillirenden Bewegungen der Extremitäten und
des Stammes während des Gehens auf die Circulation des Blutes in den
Körpervenen zu berücksichtigen sein.

Besonders günstig für denselben ist die Lage der oberflächlichen Venen
der Extremitäten, die in ihrer Verlaufsrichtung den Typus zweier sich kreuzender
Spiralzüge zu wiederholen scheinen. Als Beispiel mögen hier die beiden Venen
des Vorderarms, die *vena cephalica* und *v. basilica* dienen, von denen die
erste vom Radialrande, die andere vom Ulnarrande gegen die Ellenbogenbeuge
hinzieht. Beide haben einen schwachspiraligen Verlauf, aber nach entgegengesetzten Richtungen. Windet sich der Arm beim Zurückschwingen nach
aussen, so wird die *v. cephalica* gegen die Peripherie hin stärker zusammengewunden. Indem sie sich dabei gleichsam über ihren Inhalt hinwegzieht,
fördert sie den Rückfluss des venösen Blutes, das als beweglicher Körper
den entgegengesetzten Weg gegen das Herz hin sucht.

Die *v. basilica* dreht sich unterdessen auf und verliert damit die Eigen-
schaft eines schraubigen Gewindes, so dass sie den Rückfluss des Blutes nicht
hemmen kann.

Dreht sich hierauf der Arm nach innen, so kehrt sich das Spiel um:
die *v. basilica* windet ihr Blut zurück und die Aufdrehung der *v. cephalica*
verhindert den hemmenden Einfluss, welchen das Zurückdrehen ihrer Windung
auf den Rückfluss des Blutes haben würde.

Die nach rechts und links, nach vorn und hinten verlaufenden bogenförmigen Anastomosen der venösen Gefässe, welche die Extremitäten als weit-
maschiges Netz einhüllen und durchsetzen, stellen ähnliche Verhältnisse dar,
wie sie die *cephalica* und *basilica* bieten. Ebenso verhält es sich mit den
engeren Venennetzen, welche als eigentliche *Plexus* um die Gelenke, um das
Rückenmark, den Blasenhals, Mastdarm u. s. w. bekannt sind.

Es läge somit ausser der vis a tergo der Schwere in den absteigenden Venen, der Aspiration von Seite des Thorax während der Inspiration und dem direkten Druck durch Muskelkontraktion noch ein weiterer Faktor für die Förderung der Bluthewegung in den Venen im *Mechanismus des Ganges.* Derselbe wird um so einflussreicher, je mehr die Bewegungen der natür-lichen Organisation angemessen sind. Ihre günstige Wirkung auf den Blut-umlauf ist denn auch allgemein bekannt und darauf zurückzuführen, dass die Bewegungen des Körpers beim Gehen in den mit ihnen harmonischen Mechanismus der Herzthätigkeit in so ausgiebiger Weise eingreifen, dass dieser auch während stärkerer körperlicher Arbeitsleistung nicht übermässig in An-spruch genommen wird, während andererseits die lebhaftere Circulation und der raschere Stoffwechsel eine schnellere Restitution der körperlichen Organe herbeiführt.

Denn wie die Bewegung des Venenblutes, so wird auch diejenige der Lymphe durch unsern Faktor wesentlich unterstützt, da deren Gefässe eine im Prinzip ähnliche Anordnung besitzen, wie die Venen.

Ebenso ist nicht unwahrscheinlich, dass auch die Chylusbewegung im *Ductus thoracicus* durch die spiraligen Drehungen der Wirbelsäule ge-fördert wird.

X.

Gangart nach einwärts.

§ 38.

In Taf. 1 habe ich versucht, eine von der früher erörterten wesentlich verschiedene Gangart darzustellen, bei welcher die Drehungen des Rumpfes nach links und rechts, sowie die seitliche Hebung und Senkung desselben mit den gleichnamigen Drehungen des Beckens übereinstimmen. Doch sind sie auch hier nicht ganz gleichzeitig, sondern folgen ihnen unmittelbar nach, so dass sie mehr durch elastische Wirkung der Bänder und Zwischenwirbel-scheiben, als durch Muskelkontraktion sich fortzupflanzen scheinen.

Die oberen Extremitäten werden gekreuzt auf dem Rücken getragen und schwingen nicht. Die Drehungen der Skelettknochen der Beine um ihre Längsachsen nach beiden Seiten fallen auf andere Zeitabschnitte eines Doppelschrittes und Hand in Hand damit verhalten sich auch Beugung und Streckung der Glieder in anderer Weise.

Das vordere Bein, dessen Knie vom Durchschwingen her noch gebeugt bleibt, wird unter Einwärtsrotation aufgesetzt, und indem der Unterschenkel der ihm mitgetheilten Schleuderbewegung der Fussspitze nach innen folgt, führt er beim Auftreten eine rasche kurze Drehung am untern Femur-Ende nach innen aus, welche die Festigkeit des Gelenks direkt in Anspruch nimmt. Unter der Last des Körpergewichtes sinken Knie- und Fussgelenk sofort zum höchsten Grad ihrer Beugung zusammen. Der erforderliche Dehnungsgrad für die jetzt folgende Aktion der Streckmuskeln wird also hier zunächst nur durch starke Beugung erzielt, und die Fasern beider Windungsrichtungen kommen unter annähernd gleichen Bedingungen fast gleichzeitig zur Kontraktion. Immerhin werden freilich die mächtiger entwickelten Lagen des *vastus extern.* den Ausschlag für eine dem Mechanismus des Kniegelenks entsprechende Rotation des Femur nach innen während seiner Aufrichtung geben.

Das beim Auftreten (St. 2) gebeugte Hüftgelenk wird durch die Aufrichtung des Femur wieder gestreckt und da dieses hiebei nach innen rotirt, und die Insertion des bereits torquirten grossen Gesässmuskels auf sich aufwickelt, so wird dieser die Hüftstreckung unterstützen und zugleich die rechte Becken- und Rumpfhälfte nach hinten rotiren. Der Rumpf wirkt hiebei nach Art eines Balanciers, indem er die begonnene Einwärtsdrehung des Beins über dem feststehenden Fuss bis zum Maximum der Torsion in Fuss-, Knie- und Hüftgelenk weiter führt.

Diese Torsion, welche mit der des abstossenden Beins in Gangart 1 übereinstimmt, führt durch Dehnung des *vastus intern.* und der mit ihm gleichgewundenen äussern Köpfe des *gastrocnemius* und *soleus* zur völligen Streckung des aufstehenden Beins im Knie, indem durch erstern die Bewegung des Femur nach vorn beschleunigt, diejenige der *tibia* aber durch letztere retardirt wird; gleichzeitig aber auch zur Umkehr der Beckenrotation, da die ebenfalls torquirten vordern Partbieen des *glutaeus med.* und *minim.*, sowie der *tensor fascie latae* die rechte Beckenseite unter Hebung derselben nach vorn rotiren. Nach dem Auftreten des rechten Beins unterhält der rechte *glutaeus maximus* diese Rotation, bis auch sie wieder durch die Rumpfschwingung zum Maximum geführt wird.

Da aber hiebei die linke Beckenseite nach hinten rotirt, so ziehen die tiefen äussern Rollmuskeln den linken grossen Rollhügel dem linken *tuber ischii* nach hinten nach und drehen so das Femur nach aussen. Dieser Drehung des Femur muss aber der Unterschenkel mit dem Fuss sofort folgen, da das in 6 noch nahezu gestreckte Kniegelenk eine isolirte Rotation des Femur nicht gestattet.

Wir sehen desshalb den noch fest auf dem Ballen stehenden Fuss unter Ueberwindung des je nach der Bodenbeschaffenheit mehr oder weniger bedeutenden Reibungswiderstandes seine sich hebende Ferse medianwärts wenden. Die Rotation der Knochen um ihre Längsachsen kommt also auch im abstossenden Bein der Muskelspannung nicht oder nur sehr wenig zu Statten, da sie auf einen für die relative Bewegung der Knochen gegen einander ungünstigen Zeitpunkt fallend, sich durch die festgestellten Gelenke hindurch sogleich auf die ganze Extremität fortpflanzt, ohne vorerst eine Torsion derselben herbeizuführen.

Mit der Rotation des Beins nach aussen beginnt auch schon das Femur nach vorn zu schwingen, da die Sehne des *iliopsoas* sowohl durch die Beckenrotation in G, als durch die ihr vorhergegangene Einwärtsrotation des Femur bis 5 auf dessen Hals aufgewickelt wurde.

Die Vorwärtsbewegung des Femur und die dadurch herbeigeführte Kniebeugung wird begünstigt durch die Erhebung des Fusses auf den Ballen durch den *gastrocnemius ext.* nach theilweiser Entlastung des stemmenden Beins vom Körpergewicht.

Dass das Bein hierauf beim Vorschwingen nicht die Energie entwickelt, wie bei der erst geschilderten Gangart, hat seinen Grund darin, dass bei der Unbeweglichkeit des Beckens gegen den Rumpf und bei der sich stets gleichbleibenden Neigung dieses letzteren während des Gehens das Becken sich nicht aufrichten kann, um dadurch die Spannung der Aufheber des Femur für die Dauer des Vorschwingens zu unterhalten.

Für die Kniestreckung während desselben fehlt in Folge der sich sofort dem ganzen Beinskelett mittheilenden Auswärtsrollung des Femur die nöthige Spannung des *vastus extern.*, indessen auch der *rectus femoris* der ihn dehnenden Aufrichtung des Beckens entbehrt. Andererseits rückt auch das *tuber ischii* nicht herab, um die zwischen ihm und dem Unterschenkel verlaufenden Benger des Knie's (*mm. biceps, semitendinosus* und *semimembranosus*) zu entspannen, so dass letzteres beim Vorschwingen nicht nur nicht gestreckt, sondern bis zum Auftreten mehr und mehr gebeugt wird.

Man kann sich beim Stehen auf einem Bein leicht überzeugen, dass die Kniestreckung des andern nach vorn ausgestreckten Beins nur mühsam und nicht ohne empfindliche Spannung der Benger an der Hinterfläche des Oberschenkels gelingt, wenn man durch Einbiegen der Lendenwirbelsäule dem Becken eine starke Neigestellung gibt.

Es geht hieraus hervor, von welch' wesentlichem Vortheil die Bewegungen der Wirbelsäule, speziell ihres untern Endstückes, des Beckens, für die Exkursionen der Extremitäten sind.

Auch am Fussskelett vermisst man die bei der erst geschilderten Gangart stattfindende Torsionsbewegung, in Folge welcher der vordere Theil des innern abgeflachten Fussrandes nach dem Aufheben des Fusses vom Boden sich gegen den hintern Theil desselben wieder aufdrehend, medianwärts rotirt. Die beiden sich kreuzenden Spiralsysteme des Fussskelettes entfernen sich nur wenig von ihrem Gleichgewichtszustand und es tritt desshalb auch hier wie beim Knie der eine Faktor für die Muskeldehnung — die Rotation um die Längsachse — mehr und mehr zurück, indessen der andere — die Rotation um quere Achsen zur Streckung und Beugung — unter dem Einfluss der Körperschwere in auffallenderer Weise zur Geltung gelangt. Die den letztern Funktionen dienenden Muskeln beider Systeme werden also auch hier bei gleichzeitiger Aktion ihre Wirkung auf die Längsachsendrehung der Skelettheile gegenseitig aufzuheben suchen und sich vorwiegend als blosse Strecker und Beuger verhalten.

Charakteristisch für diese Gangart, der erstern gegenüber, ist der Mangel an Stetigkeit der Funktionen der äussern und innern Kräfte, deren gegenseitigem Spiel der Körper seine Fortbewegung verdankt. Die Aktion der Muskulatur ist in Folge des theilweisen Ausfalles der einen dehnenden Komponente keine gleichförmige, so dass bald Schwere oder Schwungkraft, bald Muskelkraft einen deutlich merkbaren Vorsprung gewinnt. Desshalb bewegen sich auch einzelne Punkte des Beinskelettes nicht gleichmässig, sondern in Absätzen mit verschiedener Geschwindigkeit, zum Theil ruckweise fort.

So tritt zuweilen am Ende des Vorschwingens eine zweite mässige Streckbewegung im Knie im Weber'schen Sinne bei Entspannung der Unterschenkelbeuger ein, welche eher auf Rechnung der erlangten Geschwindigkeit in der Bewegung des Unterschenkels nach vorn, als auf eine Zusammenziehung der Kniestrecker zu schreiben ist, da letztere, wenn vorhanden, die sofort nach dem Auftreten erfolgende starke Kniebeugung verhindern würde. Auf der hiebei erreichten Stelle bleibt ferner das Knie eine Weile stehen. Es ist dies wohl die Zeitperiode, welche in den früher erwähnten Vierordt'schen Kurven durch die vertikalen Striche markirt ist, und dürfte aus ihnen zu schliessen sein, dass die dazu vorgenommenen Gehversuche in dieser oder einer ihr ähnlichen Gangart ausgeführt wurden.

Sinkt das Knie bei schlaffer Muskulatur gleich nach dem Auftreten noch stärker nach vorn zusammen, so können die hierdurch plötzlich und stark gedehnten Wadenmuskeln sogar eine kleine Rückbewegung des Knie's verarlassen (H. v. Mayer), der vielleicht der hakenförmige Vorsprung bei den Vierordt'schen Kurven zu verdanken ist.

Hierher gehört auch die bereits besprochene ruckweise Drehung des noch fest aufstehenden Fusses mit der Ferse medianwärts in 5. Ebenso macht die Schwere ihren überwiegenden Einfluss in der gleichzeitigen Beugung von Knie und Fussgelenk in 2 geltend.

Dieser Beugung folgt jedoch keine gleichzeitige aktive Streckung in den beiden Gelenken, weil die Streckung des Fussgelenkes erst nach allmäliger stets unter Kniebeugung stattfindender Entlastung des Fusses möglich ist. Es bedarf nur des eigenen Versuches einer solchen Kombination, um sofort das Gezwungene und Störende derselben beim Gehen auf horizontalem Boden einzusehen. Beim Bergsteigen ändern sich begreiflicherweise die Verhältnisse, da dabei der Wille in den sonst gleichsam automatisch funktionirenden Mechanismus eingreifen muss.

Dass wir bei der in Rede stehenden Gangart auf die Vortheile der horizontalen Rotation verzichten, geht auch aus der Erfahrung hervor, dass wir dieselbe wählen, wenn die horizontale Rotation wegen Mangels an hinreichender Reibung zwischen der Fusssohle und dem Boden nur ungenügend ausführbar ist. Auf Eis, im Schnee, auf sehr glattem Zimmerboden etc. gehen wir einwärts mit etwas vorgeneigtem Oberkörper und bewegen uns so eben wegen des fehlenden Reibungswiderstandes leichter fort, als auf gewöhnlichem Boden und leichter als in der erst beschriebenen Gangart.

Wie dort, so werden auch hier die Muskeln durch Dehnung für ihre Aktion vorbereitet, welche sich in gleicher Weise bei den meisten grösseren und oberflächlich gelegenen Muskeln und Muskelgruppen durch äussere Betastung oder durch das Auge während der entsprechenden Beinstellungen konstatiren lässt.

Die Reihenfolge, in welcher dieselben in Funktion treten, ist aber, wie aus der Charakteristik dieser Gangart hervorgeht, keine so typische, wie bei der ersteren.

Zwischen beiden sind alle möglichen Zwischenformen und Uebergangsstufen denkbar und diese bilden, wenn man von pathologischen Störungen absieht, im Verein mit den durch das Verhalten der Muskeln bedingten Variationen, sowie den wechselnden absoluten und relativen Grössenverhältnissen der Glieder die bekannte bunte Mannigfaltigkeit der Gangarten.

XI.

Theilweise Bestätigung unserer Auffassung der Gehbewegungen durch die Experimente Carlet's.

§ 39.

Mit der in Wort und Bild gegebenen Charakteristik der beiden Gangarten vergleichen wir jetzt die Resultate der exakten Experimente Carlet's, von denen wir früher gesprochen hatten.

Sie ergaben für die Bewegungen des grossen Trochanters und der Schamfuge Folgendes:

Der Trochanter bewegt sich nicht in gerader Linie, sondern beschreibt eine räumliche Kurve.

Während des Schwingens durchläuft der Trochanter des schwingenden Beins einen grösseren Raum, als derjenige des stützenden Beins.

Die Trochanteren, sowie die Schamfuge sind am weitesten nach links abgewichen, wenn der linke Fuss in der Mitte der Stützperiode sich befindet, und am weitesten nach rechts, wenn er mitten im Schwingen ist.

In beiden Fällen sind beide Trochanteren in einer zur Gehrichtungslinie senkrechten vertikalen Ebene, in jedem andern Falle nicht, da immer der Trochanter des hintern Beins hinter demjenigen des vordern Beins bleibt.

Beide Trochanteren, sowie die Schamfuge, sind in der Mitte ihrer bilateralen Oscillation, wenn beide Füsse mit dem Boden in Berührung sind.

Die Kurve des Trochanter zeigt zwei verschieden hoch gelegene Maxima während eines Doppelschrittes. Das höhere fällt in die Mitte des Schwingens, das andere in die Mitte des Stützens desselben Beins.

Die Kurve des Trochanter zeigt zwei verschiedene Minima. Beide fallen auf die Periode des doppelten Aufstehens; das höher gelegene entspricht dem vordern, das tiefere dem hintern Bein.

Die Wendepunkte der horizontalen Oscillation des Trochanter treffen mit den Maxima ihrer Elevation zusammen. Die Mitte der horizontalen Oscillation trifft auf die Minima der Elevation.

Das höher liegende Maximum der Trochanter-Elevation fällt zusammen mit dem Minimum, das tiefere mit dem Maximum seiner Entfernung von der Mittellinie des Ganges.

Beide Trochanteren zeigen eine doppelte Oscillation in der Weise, dass sich immer der eine gegen den andern zur selben Zeit erhebt oder senkt, in welcher er sich ihm in der Richtung des Ganges nähert oder von ihm entfernt.

Bei Beginn der Periode des doppelten Aufstehens ist die Schamfuge neben der Mittel-Ebene auf der Seite des hintern Beins; in der Mitte derselben Periode ist sie in der Mittel-Ebene; am Ende auf der Seite des vordern Beins; während des Stehens auf einem Bein auf der Seite dieses Beins.

Die Schamfuge erreicht das Maximum ihrer Vertikaloscillation zur Zeit, wo das eine Bein mitten im Schwingen, das andere mitten im Stützen ist, also gleichzeitig mit ihrer Ankunft in den Nullpunkten ihrer horizontalen Oscillation.

Die Schamfuge ist im Minimum ihrer Vertikaloscillation, wenn beide Beine in der Mitte der Periode des gleichzeitigen Aufstehens sind; also auch wenn sie sich in der Mitte ihrer horizontalen Oscillation befindet; oder auch wenn der vordere Fuss den Boden mit seiner ganzen Sohlenfläche zu decken beginnt.

Im Anfang der Periode des doppelten Aufstehens steht die Schamfuge tiefer, am Ende höher.

Die Vertikalprojektion der Schamfugenkurve während eines Doppelschrittes gleicht einem M, die Horizontalprojektion einem ﬡ.

Wie man sieht, stimmen diese Sätze mit unserer Darstellung bei beiden Gangarten ziemlich gut überein und dürften sie wohl allgemeine Giltigkeit haben.

Andere hier folgende passen dagegen nur auf eine der beiden Gangarten oder auf deren Zwischenformen, so z. B.:

Kurz nach dem Aufheben des hintern Beins sind beide Trochanteren auf gleicher Höhe. (I. Gangart).

Die Schamfuge ist im Maximum ihrer Vertikaloscillation, wenn die Ferse des stützenden Beins den Boden verlässt. (Zwischenform.)

Wieder andere treffen nur unter gewissen Bedingungen zu, für welche selbst die Bezeichnung „natürlicher Gang" keine genügende Einschränkung bietet. Hierher gehören:

Die Maxima der Trochanterkurven bleiben auf gleicher Höhe. (Sowohl die Kniebeugung in diesem Augenblick, als die seitliche Hebung des Beckens kann innerhalb der Grenzen des natürlichen Ganges derart variiren, dass die Maxima nicht konstant bleiben.)

Die Minima werden tiefer mit der Vergrösserung des Schrittes. (Auch hier kann innerhalb normaler Grenzen eine Senkung der Minima durch stärkere Beugung in den Beingelenken bedingt sein, eventuell also bei mehr gestreckten Gelenken die durch grössere Schritte veranlasste Senkung der Minima wieder ausgeglichen werden.)

Die Grösse der horizontalen Exkursion des Trochanter bleibt konstant, wenn der Abstand der Fussspuren von der Mittellinie konstant bleibt; sie nimmt zu oder ab mit der grössern oder geringern Spreizweite.

Die Amplitude der vertikalen Oscillation des grossen Trochanters beträgt ungefähr 70 mm, diejenige der horizontalen 75 mm.·

Bei gleicher Spreizweite der Füsse hat die Grösse der Schritte keinen Einfluss auf die Amplitude der horizontalen Oscillation der Schamfuge. Diese nimmt dagegen zu oder ab mit der Zu- oder Abnahme der Spreizweite.

Die Registrirung der Rumpf-Neigung während des Gehens mit Hilfe eines Parallelogramms, dessen eine Seite auf der Mittellinie des Rumpfes befestigt war, führte Carlet zur Annahme einer periodischen Zu- und Abnahme der Rumpf-Neigung nach vorn und nach den Seiten. Leider erfahren wir nichts Näheres über die Art der Applikation des Parallelogrammes an den Rumpf, sowie über die relative Grösse und die Berührungspunkte dieser beiden.

Nach dem, was wir früher über die Bewegungen des Beckens und der Wirbelsäule ausgeführt haben, dürfte anzunehmen sein, dass die durch das Parallelogramm vermittelten und auf den Registrirapparat verzeichneten Kurven nicht etwa einer Veränderung der Rumpf-Neigung, sondern vielmehr den wellenförmigen Bewegungen der Wirbelsäule und des Beckens angehören.

Das für uns wichtigste Resultat ist der experimentelle Nachweis der doppelten Oscillation der auf ihre Bewegung untersuchten drei Punkte der Beckengegend, sowie der charakteristischen Kombination dieser beiden Oscillationen, vermöge deren sich jene Punkte in einer Schlangenlinie doppelter Krümmung fortbewegen.

Hervorzuheben ist ferner der Umstand, dass innerhalb des scheinbar so eng und präzis gezogenen Rahmens zwei so sehr verschiedene Gangarten mit all' ihren Uebergangs- und Zwischenformen Platz finden.

Allerdings dürfte auch die Kenntniss der Bewegung der erwähnten drei Punkte und der Füsse allein nicht hinreichen, um eine erschöpfende Definition des Ganges daraus abzuleiten.

Mittels des Marey'schen Myotonometers hat Carlet ferner die Kontraktionen einiger Muskeln und Muskelgruppen während des Gehens geprüft und gefunden, dass während des gleichzeitigen Aufstehens beider Beine der *m. sacro spinalis* (*m. spinaux lombaires*) jeder Seite stark kontrahirt sei und von unten her einen streckenden Zug auf die Wirbelsäule ausübe; dass bei einfachem Aufstehen aber der eine dieselbe Funktion nur schwach vollziehe, während der andere von oben her die Beckenseite des schwingenden Beins kräftig erhebe. Dass ferner die hintern Oberschenkelmuskeln sich schon vor dem Aufsetzen des schwingenden Beins in Kontraktion befinden (s. Gangart II.) und dass die Zusammenziehung des *m. rectus femoris*, der den Oberschenkel gegen das Becken beuge, sich über die Hälfte der Periode des Schwingens erstrecke.

Aehnliche Versuche, welche die Betheiligung der Muskulatur an der Beinschwingung direkt beweisen, hat neuerdings H. B u c h n e r angestellt. (*Arch. f. Anatom. u. Physiolog. 1877.*)

Derselbe Forscher hat ausserdem aus dem Gewichte, welches nöthig war, um die Verkürzung eines frisch frakturirten Oberschenkels eines kräftigen Knaben während tiefer Chloroform-Narkose auszugleichen, und aus dem annähernd ermittelten Querschnitte der hiebei zu überwindenden Muskulatur berechnet, dass das in tiefer Narkose noch geäusserte Verkürzungsbestreben der Muskeln hinreiche, um das Gewicht des Beins zu tragen und hieraus den Schluss gezogen, dass dies umsomehr der Fall sein müsse beim Schwingen des Beins während des Gehens, wo, wie er weiter durch Prüfung der Härte der Muskulatur nachwies, niemals vollkommene Erschlaffung derselben eintritt.

XII.

Anwendung des gefundenen Prinzipes auf einige Erscheinungen des normalen und pathologischen Ganges.

§ 40.

Wenn den bisherigen Ausführungen gemäss die als Reiz anzusprechende Muskeldehnung durch die Stellungen der Knochen gegeneinander während des Gehens veranlasst wird, und diese ihre kontinuirliche Folge einer Folge von Kontraktionen solcher Muskeln verdanken, die jeweils durch die eben vorhergegangenen Stellungen gedehnt waren, so ist damit ein im Bau der Bewegungsorgane begründetes mechanisches Prinzip für die Muskelthätigkeit beim Gehen gegeben, welches von den Centren des Nervensystems keine andere Mitwirkung verlangt, als die Erhaltung desjenigen durch Uebung und Erfahrung bestimmten Erregungsgrades der Muskeln, der für das Gleichgewicht und die gewollte Arbeitsleistung erforderlich ist.

Wenn nun einerseits dieses Prinzip, indem es seine Anwendung auf alle während des Gehens funktionirenden Muskeln in der gleichen Weise finden muss, zur Kontrole der der Beobachtung leichter zugänglichen Knochenbewegungen, sowie zur Auffindung solcher verwendbar ist, welche ohne dasselbe schwieriger zu eruiren sind, so lassen sich andererseits mit dessen

Hilfe viele Erscheinungen des normalen und pathologischen Gehens auf einfache Weise erklären.

Es wird wohl Jeder schon die Beobachtung gemacht haben, dass die Zahl der Schritte in gegebener Zeit nicht ausschiesslich von der Länge der Beine abhängt; dass zwar, wie die Br. Weber behaupten, kleine Menschen mit kurzen Beinen im Allgemeinen in schnellerem Tempo gehen, als Leute mit langen Beinen, dass aber doch für jeden einzelnen Fall die Breite der Schwankungen in der Geschwindigkeit der Bewegungen eine so beträchtliche ist, dass die Weber'sche Pendeltheorie zu ihrer Erklärung nicht ausreicht.

Aus eigener Erfahrung wissen wir, dass die Lebhaftigkeit, mit der wir gehen, mit unserem Allgemeinbefinden innig zusammenhängt und dass jeder Wechsel desselben sich sofort auch in unserm Gange kundgibt. Wir lassen unsere Schritte langsamer folgen, wenn wir uns unwohl fühlen, wenn unsere Stimmung eine gedrückte ist, wenn wir durch körperliche Arbeit ermüdet oder erschöpft sind; wir gehen schneller, wenn wir ausgeruht, wenn wir uns im vollen Besitz von Gesundheit und jugendlicher Kraft fühlen, wenn wir uns in gehobener Stimmung befinden durch irgend ein Ereigniss, das eingetreten oder das wir erst erhoffen. Der Stadtbewohner, dessen geistiges Leben in Folge der vielseitigen Anregung ein weit regeres ist, als das ruhig dahinfliessende der Landleute, geht auch bei gleicher Schrittweite rascher als diese, und auch bei einzelnen Personen tritt dieser Unterschied in Uebereinstimmung mit ihrem übrigen Nerven- und Muskelleben deutlich hervor.

Der Grund hievon ist theils in dem Grade der Energie der Muskelerregung, theils in der Erregungsfähigkeit des Muskels selbst zu suchen.

Der kräftig erregte und leistungsfähige Muskel wird seine Kontraktion prompter vollziehen, und die Bewegungen werden daher rascher ausgeführt als im gegentheiligen Falle.

Da der stärker erregte Muskel sich aber auch um einen grösseren Betrag zusammenzieht, so muss ceter. perib. gleichzeitig mit der Beschleunigung der Schritte die Länge derselben wachsen, da diese von dem Grade der Winkelbewegung der Knochen gegen einander direkt abhängig ist. Es werden somit bei schnellerem Gehen auch grössere Schritte gemacht, wie die Br. Weber durch Messungen direkt nachgewiesen haben.

Die Winkelbewegung in der Richtung des Fortschreitens wird hier unmittelbar für die Fortbewegung verwerthet und geschieht ganz proportional der Dehnung und Kontraktion der Muskeln; es erscheint desshalb der Gang fest und sicher und ohne für das Gehen selbst überflüssige oder störende Bewegungen der Knochen.

Solche sehen wir bei schlaffem, müdem Gange, wo die Exkursionen derselben ebenfalls grösser aber unregelmässig werden, indem ihr Plus durch das Körpergewicht oder die einmal erlangte forttreibende Kraft erzeugt, zu einer Zeit eintritt, in welcher es für die Weiterbewegung direkt verloren ist. Dahin gehören die auffälligen Beckenbewegungen, das „in die Kniee sinken", das Werfen des Oberschenkels bei Solchen, deren Muskeln in Folge von Ermüdung oder pathologischen Affekten oder in Folge mangelhafter Innervation ausser Stand sind, den erforderlichen Grad ihrer Erregung zu bewahren.

Diese stärkeren Winkelbewegungen der Knochen haben hier nur den Zweck, durch vermehrte Dehnung der Muskeln deren Leistungsfähigkeit für einzelne Momente wieder zu gewinnen. Der Gang wird dadurch schleppend, mühselig und ist mit grosser Kraftvergeudung erkauft, da der Körper jedesmal wieder um den Betrag gehoben werden muss, um den er dabei gesunken ist.

Carlet kommt bei seinen Untersuchungen über die Gehbewegungen zu dem Resultat, dass das umgekehrte Verhältniss zwischen Schrittdauer und Schrittlänge, wie es die Br. Weber aufgestellt haben, nicht existire.

Auch Vierordt hat die fragliche Relation bei selbst ausgeführten Versuchen nicht bestätigt gefunden. Allerdings können wir sehr oft wahrnehmen, dass manche Personen beim gewöhnlichen, ihnen zur Erholung dienenden Gehen immer die gleiche Zahl von Schritten zur Erreichung desselben Zieles nöthig haben, also immer gleich grosse Schritte machen, obwohl sie, je nachdem sie disponirt sind, das einemal schnell, das anderemal langsam gehen.

Die Ursache davon liegt offenbar in den Längenverhältnissen der Muskeln, die sich der einmal gewohnten Schrittweite angepasst haben und durch keine turnerische oder andere Gelenkübung wieder verlängert werden. Der Vergrösserung der Schritte ist durch die Verkürzung der Muskeln insofern ein Ziel gesetzt, als dieselben zu früh einen Spannungsgrad erreichen, welcher sich einer weiteren Dehnung widersetzt. Sollen dennoch grössere Schritte gemacht werden, so muss der Wille interveniren und für die Dauer des Ausschreitens die Innervation und damit die Muskelspannung herabsetzen, um sie nachher wieder desto kräftiger folgen zu lassen; daher die baldige Ermüdung nach solchen Versuchen. Der Zustand der Muskeln ist also bei den auf die fragliche Relation bezüglichen Experimenten wohl zu beachten und dürfte derselbe von den beiden erwähnten Forschern unberücksichtigt geblieben sein.

Aus dem Einfluss, welchen die relative Länge und die Grösse des Querschnittes der Muskeln auf die Schrittlänge übt, ist der Vortheil ersichtlich, den die militärischen Schrittübungen für die Grösse der Schritte gewähren.

Gleichzeitige Streckung von Knie- und Fussgelenk beim Vorschreiten und von Hüfte, Knie und Fuss beim Abstossen des Beins sind nicht die Elemente des militärischen Ganges, wie einige Autoren glauben, da bei keiner Gangart, wie früher erörtert, diese Kombinationen gleichzeitig vorkommen. Dagegen haben sie einen unbestreitbaren gymnastischen Werth für die ein- und mehrgelenkigen Muskeln, die sich in Länge und Dicke den verschiedenen Berufs-. arten und Beschäftigungen der jungen Leute entsprechend ungleichmässig entwickelt haben.

Während der Dauer der militärischen Schrittübungen ändert die durch die willkürlich stärker erregten Rückenmuskeln extrem gestreckte Wirbelsäule ihre Form nur sehr wenig und wird dadurch aus dem Spiele der Bewegungen ausgeschaltet. Die Hals- und besonders die Lendenkrümmung sind auf Kosten der Dorsalkrümmung vermehrt und das Becken stark geneigt. Diese bleibende hochgradige Beckenneigung ist aber, wie früher gelegentlich ausgeführt wurde, für das Vorschwingen und die Kniestreckung bei demselben sehr ungünstig. Denn einmal entfernt sich bei letzterer die untere Insertion der Unterschenkelbeuger (der *mm. biceps, semitendinos. und semimembranos.*) immer mehr von ihrem Ursprunge am Sitzhöcker, ohne dass dieser nach unten nachrückt, dann aber fehlt auf der vordern Fläche der aufwärts gerichtete Zug, den das Becken während seiner Aufrichtung ausüben würde, als dehnendes Element sowohl für den kniestreckenden, geraden Schenkelmuskel als für den schenkelaufhebenden Hüftdarmbeinmuskel.

Die Uebungen fordern hier also sowohl bedeutendere Dehnung der Unterschenkelbeuger, als grössere Kraftentwicklung und Ausdauer der Hüftbeuger und Kniestrecker, welche ausserdem das Bein durch besonderen Willenseinfluss in der herbeigeführten Stellung noch erhalten müssen, wenn durch letztere die Bedingung für ihre Entspannung bereits gegeben ist. Dasselbe ist auch bei den übrigen in einzelnen Absätzen sich folgenden Gelenkstellungen der Fall.

Hierdurch wird also die Energie der Muskeln auf ein höheres Maass gebracht und grösstmögliche Gelenksexkursionen erzielt, durch welche dann etwa verkürzt gewesene Muskeln zur normalen Länge gebracht werden. Durch den Gebrauch derselben beim militärischen Marschiren wird dann wieder das Gleichgewicht in der relativen Stärke der antagonistischen Muskeln hergestellt, so dass mit dem Gange schliesslich auch die Haltung des Körpers eine allen Soldaten gemeinsame — militärische wird.

§ 41.

Bei Leiden der Centralorgane, des Hirns und Rückenmarks, wo die Leitung der von ihnen ausgehenden Erregung auf Widerstand stösst, ist das unterstützende Eingreifen des Willens in den sonst selbstthätigen Mechanismus an der Absichtlichkeit der Bewegungen gut zu erkennen. Die Exkursionen der Skelettknochen gegeneinander sind nicht mehr genügend, die nöthigen Grade von Dehnung ihrer Muskeln hervorzurufen und zu unterhalten, um einen regelmässigen Ablauf der einzelnen Phasen der Gesammtmuskelthätigkeit zu erzielen; diese ist dem Gelenkmechanismus nicht mehr genau angepasst, um in jedem kleinsten Moment Spanuung mit Entspannung zu beantworten. Indem sich nun der Wille helfend dabei betheiligt, führt er den Grad der Drehungen über das Maass des Nöthigen hinaus und dies um so mehr, je weniger ihm von Seite der äussern Umgebung Anhaltspunkte zur Abschätzung und Regulirung seines Einflusses geboten sind. So kommt der Hahnentritt des Tabetikers, das Schleudern seiner Beine und Aufstampfen der Füsse auf den Boden zu Stande, welches seinen Gang auszeichnet, den er mit geschlossenen Augen oder in der Dunkelheit gar nicht ausführen kann, da die ungenügend erregten Muskeln die beim Gehen nothwendige Aequilibrirung des Körpers in ebenso mangelhafter Weise bewerkstelligen, als die Bewegungen beim Gehen selbst.

Die Thatsache, dass das Gehen nach plötzlich eingetretener Funktions-Störung an irgend einer Stelle des Apparates sofort dem gegebenen Falle zweckentsprechend abgeändert wird, spricht gleichfalls für einen in unserem Sinne selbstthätigen Mechanismus, da jede direkt vom Willen geleitete zweckmässige Koordinationsbewegung einer vorherigen bewussten Einübung bedarf. Die Abänderung der Gangart durch solche Störungen kann aber je nach der Stelle, welche davon betroffen wird, so bedeutend sein, dass sie eine vollständige Verschiebung der normalen Vorgänge zur Folge hat.

Ein auffallendes Beispiel hiefür liefert die Art des Gehens, wie sie durch hohe Absätze veranlasst wird. Wir wollen die Veränderungen, welche durch dieselben in den Bewegungen entstehen, näher betrachten, indem wir hiebei die unserer Auffassung gelegene Art der Muskelthätigkeit in Rechnung bringen.

Denken wir uns das ausschreitende Bein mit hohem Absatz an der Ferse versehen, so wird dasselbe vom Fussgelenk aus die vordere Parthie des Fusses um so viel unter das Niveau der Ferse herunterdrücken, als die Höhe des Absatzes beträgt. Die Bewegung der Fussspitze nach abwärts wird mit dem Wachsen des sich auf das Bein vorschiebenden Theils des Körpergewichtes immer mehr beschleunigt und der Fuss wird rasch in eine so hochgradige Streckstellung gegen den Unterschenkel gebracht werden, wie sie normalerweise nur beim Abstossen desselben vom Boden vorzukommen pflegt. Die plötzlich stark gedehnten Strecker an der vorderen Unterschenkelfläche reagiren darauf mit einer energischen Zusammenziehung, durch welche sie den Unterschenkel nach vorn und in starke Kniebeugung hineinreissen.

Diese veranlasst ihrerseits wieder eine kräftige Aktion der Kniestrecker, die den Oberschenkel rasch in vertikale Stellung zu bringen suchen. Hierdurch wird nun wieder der vordere Winkel des Hüftgelenks vergrössert, in Folge dessen die Muskeln, welche von der vordern Beckenfläche zum Ober- und Unterschenkel herabziehen, eine sofortige hochgradige Beckenneigung herbeiführen, zu der sich eine rasche übermässige Einbiegung der Lendenwirbelsäule gesellen muss.

Auf solche Weise werden grosse Exkursionen unzweckmässigerweise auf kleine Zeiträume zusammengedrängt, die Weichtheile gezerrt und ermüdet und die Stetigkeit und Harmonie der Bewegungen gestört. Bei muskelschwachen Personen und bei Solchen mit nachlässiger Haltung, besonders bei Kindern, kann man diese schnellenden Bewegungen der einzelnen Gelenke während des Ganges deutlich wahrnehmen, und wenn die Eitelkeit durch das Beschwerliche desselben etwas herabgestimmt ist, auch bald die Klagen über Ermüdung und spannende Schmerzen hören. Die Abhilfe geschieht nun in der Weise, dass das Bein seine Schwingung nach vorn nicht beendigt, sondern in der Stellung auftritt, in welche es durch den Absatz des vollständig ausschreitenden Fusses hineingerissen würde. Das Bein wird, nach einwärts rotirend, mit geringer Ueberschreitung der Vertikalen aufgesetzt — kurz, die erst geschilderte Gangart geht in die zweite über.

Wird nun diese, da sie in Beziehung auf Schönheit der Bewegung hinter jener zurücksteht, nicht geduldet, und sollten die Fussspitzen ungeachtet der hohen Absätze nach aussen gerichtet aufgesetzt werden, so bleibt nichts übrig, als den Fuss gegen den Unterschenkel festzustellen.

Dies geschieht durch absichtliche höhere Tetanisirung der Fuss- und Unterschenkelmuskeln, die hierdurch aus dem Spiele der übrigen Muskeln ausgeschaltet nur noch minimale Bewegungen in den Fussgelenken zulassen; oder, weil die damit verbundene Anstrengung die Ausdauer beim Gehen wesentlich herabsetzt, dadurch, dass der in enge Schuhe eingepresste Fuss durch hohe eng anliegende Schäfte unbeweglich an den Unterschenkel befestigt wird. Die Bewegung im Fussgelenk und den zahlreichen Gelenken der Fusswurzel, deren Integrität für das normale Gehen von hervorragender Bedeutung ist, wird so auf ein Minimum reduzirt, diejenige im Knie durch das Fixiren des Unterschenkels von unten her ebenfalls gehindert und die Arbeit der Fortbewegung fast ausschliesslich den Hüftgelenken überlassen.

Die Folge davon ist, dass das Becken aussergewöhnlich starke Bewegungen macht, durch welche seine Muskulatur abnorm entwickelt wird, während die Industrie nun auch zum Ersatze der verlorenen Waden ihre hilfreiche Hand bieten muss. Mit den forcirten Bewegungen des Beckens werden auch

124

diejenigen der Wirbelsäule in zu grossen Exkursionen ausgeführt, die Lendenwirbel zu sehr nach vorn eingebogen und diese Einbiegung mit der entsprechenden Beckenstellung wird schliesslich habituell, um so mehr, als auch beim Stehen auf hohen Absätzen eine kompensatorische Beugung in allen Gelenken nach oben fortschreitend eintritt, sobald der Unterschenkel, um seine Muskeln wieder in's Gleichgewicht zu bringen, sich etwas nach vorn beugt.

Die starken seitlichen Drehungen des Beckens führen zu übermässigen Torsionen der Wirbelsäule, bei denen die Gelenktheile gezerrt und gerissen werden, sowie endlich zu dauernder Ablenkung der Wirbel, zu Scoliose, Kyphose und Lordose, wenn wie gewöhnlich die Drehungen unsymmetrisch, nach einer Seite hin kräftiger erfolgen, als nach der andern, und bei der leicht eintretenden Ermüdung auch schlechte Haltung beim Stehen und Sitzen sich hinzugesellt.

Eine besondere Wichtigkeit erlangen die in Rede stehenden bleibenden Difformitäten beim weiblichen Geschlechte. Mit dem Becken erhalten auch die in ihm befindlichen Weichtheile, spez. die Gebärmutter eine zu stark nach vorn geneigte Lage; Hängebauch während der Schwangerschaft mit all' seinen Uebelständen; falsche Kindslagen und direkte Geburtshindernisse durch zu starkes Hineinragen des Promontorium in den Becken-Eingang sind häufig die Folgen davon. Dabei schmerzhaftes Ermüden des Lendentheils beim Stehen und Gehen, das Letzteres beschwerlich macht und so dessen günstigen Einfluss auf den Verlauf der Schwangerschaft und Geburt vereitelt.

XIII.

Zur Frage nach der Existenz einer typischen Gangart.

§ 42.

Nachdem durch vorstehende Betrachtungen der Versuch gemacht wurde, die prinzipielle Uebereinstimmung in der Natur der scheinbar verschiedenartigsten Bewegungen des menschlichen Organismus, ihr harmonisches Ineinandergreifen, sowie die unmittelbare Beziehung nachzuweisen, in welcher Form und Bewegung sie zu einander stehen, so wäre es in Rücksicht auf den hervorgehobenen günstigen Einfluss der Gehbewegungen auf die Funktionen der körperlichen Organe von Interesse, zu wissen, ob eine von den gebräuchlichen und allgemein bekannten Gangarten vor den übrigen den Vorzug verdiente.

Der einheitlichen anatomischen Grundform der Organe müssen die Bewegungs-kurven jeder Gangart entsprechen; jeder müssen die beiden senkrecht zu ein-ander stehenden bogenförmigen Komponenten wesentlich sein, welche als hori-zontale und vertikale Oscillation bezeichnet wurden.

In dem Zusammenwirken beider scheint das Charakteristische der Fort-bewegung zu liegen.

Bei der Definition der beiden Grenzformen der möglichen Gangarten haben wir aber gefunden, dass ihr Unterschied in dem Grade der Betheiligung der beiden Oscillationen begründet ist, und dass in erster Linie die horizontale Oscillation eine veränderliche Rolle spielt.

Wir haben gesehen, dass bei der zweiten Gangart, wo dieselbe weniger zur Geltung gelangt, das Gleichgewicht zwischen äusseren und innern Kräften gestört, dass die Arbeit nicht gleichmässig auf die Muskeln vertheilt ist und dass ihr Effekt trotz grösserer Anstrengung im Ganzen doch hinter dem-jenigen der erstern zurückbleibt; dass sich ferner der überwiegende Einfluss der Schwere sowohl periodisch in der Gelenkbewegung als in der Haltung des Körpers während des Gehens — in der stärkeren Rumpfneigung nach vorn kundgibt.

Es kann darnach nicht zweifelhaft sein, dass wir uns bei der Frage, welcher Gangart als der eigentlich typischen, der Vorzug zu geben sei, für die erstere entscheiden, welche alle durch die Formen und Eigenschaften ihrer Organe gebotenen Vortheile benützend den Bau und die Gestaltung des Körpers auch in seinen äussern Bewegungen wiederspiegelt.

Und wie sie uns desshalb ästhetisch befriedigt, so erscheint sie auch als ihren Zwecken in jeder Beziehung am meisten entsprechend. Ihr Schritt ist erheblich grösser, da die nach vorn rotirende Beckenhälfte ihr vorschreitendes Bein um so viel weiter vorschiebt, und dieses noch durch Streckung im Knie verlängert wird. In Streckstellung ist das Knie vermöge seiner Gelenkeinrichtung für das Auftreten genügend fixirt und erlaubt keine seitliche Beugung mit Zerrung und Druck von Gelenktheilen. Diese werden um so mehr vermieden, als das Bein bei dem ergiebigen Vorgreifen seines Fusses die Last des Körpers ganz allmälig aufnimmt und der Gegenstoss vom Boden durch Vermittlung des äussern Knochenbogens der Fusswurzel vom *m. tibialis antic.* und *gastro-cnemius int.* bei geöffnetem *sinus tarsi* parirt wird.

Bei der zweiten Gangart dagegen ist dieser *sinus* mehr geschlossen und die Gelenkflächen haben den Druck des auftretenden Körpergewichtes direkt anzuhalten. Das Bein wird auf den Boden gesetzt, wenn das Knie in einem Grade gebeugt ist, bei dem seine Feststellung am geringsten und weder Knochen noch Bänder der seitlichen Winkelbildung, besonders nach innen, ein Hinderniss bieten. Da nun bis zum Auftreten das Femur nach innen rotirt und dessen Knieende gegen die Median-Ebene hin dirigirt wird, so sind damit schon die Bedingungen für das Zustandekommen eines nach innen vorspringenden Kniewinkels beim Auftreten gegeben, welcher, einmal in Bildung begriffen, durch das Gewicht des nachfolgenden Körpers, welches ihn in Folge des mehr senkrechten Auftretens ziemlich plötzlich trifft, noch erheblich vergrössert wird.

Der nachtheilige Einfluss dieser Knickung des Knie's nach innen, besonders während des Wachsthums der Gelenkenden, ist leicht ersichtlich, da es sich hier um eine periodisch sich wiederholende gewaltsame Zerrung an Bändern und Knochen handelt, und es ist nicht unwahrscheinlich, dass zuweilen das *genu valgum* (Bäckerbein oder X-Knie) eine Folge dieser abnormen Gangart ist.

Das eigentlich Typische der ersteru dieser gegenüber beruht in der durch kräftigere Innervirung der Muskulatur herbeigeführten gleichmässigen Vertheilung ihrer Arbeit auf die Zeit, von welcher wieder die Möglichkeit der im anatomischen Bau vorgesehenen gleichmässigen Vertheilung der physiologischen Funktion in räumlicher Beziehung abhängig ist. So fällt der Körper hier bei jedem Schritte gleichsam willenlos in die erst durch äussere Kräfte (Schwere) ihm aufzuerlegenden Bedingungen der Kraftentwicklung hinein, während er dort ohne äussern Zwang schon beim ersten Akte des Vorschwingens selbstthätig die Arbeit aufnimmt, um sie nachher desto leichter zu vollbringen. Die hiezu erforderliche höhere Energie gehört zu den wesentlichen Erfolgen militärischer Disziplin und führt im Verein mit der früher erwähnten Wiederherstellung normaler mechanischer Verhältnisse zu den Vorzügen der militärischen Gangart und Haltung, welche mit der hier als typisch erkannten im Wesentlichen übereinstimmt.

Die aktive Betheiligung des ganzen Körpers an den Bewegungen derselben übt einen wohlthätig belebenden Einfluss auf das Gesammtnervensystem und durch dessen Vermittlung wieder wie auch unmittelbar auf die Funktionen der innern Organe, auf Blutcirculation und Stoffwechsel, erhöht die Leistungsfähigkeit und Ausdauer und fördert die Erhaltung und Restituirung der Form und Brauchbarkeit der Organe. Die Bewegungen erscheinen ruhig und sicher und verrathen, wenn sie sich in mässigen Grenzen halten, nicht nur keine Spur von Anstrengung, sondern ein behagliches Gefühl freier Kraftentfaltung.

Nach der Charakteristik der nicht als typisch erkannten zweiten Hauptform der Gangarten zu schliessen, scheint diese der Analyse der Gehbewegungen der Br. Weber zur Grundlage gedient zu haben, da beide in wesentlichen Punkten miteinander übereinstimmen. Es sind dies die Nichtberücksichtigung der horizontalen Rotation für die Fortbewegung, die Streckung des

Knie's im abstossenden und Beugung desselben im vorschreitenden Bein, sowie die Verlegung des Schwerpunktes des Körpers zum Zwecke des Vorschreitens über den stützenden Fuss hinaus, so dass jeder Schritt eine zu rechter Zeit durch das eben vorgesetzte Bein gehemmte Fallbewegung darstellt.

Dieser Theorie zufolge spielt in den Prinzipien für die künstlerische Darstellung der Gehbewegung, welche sich aus jener entwickelt haben, die Schwerkraft eine hervorragende Rolle, indem sie im Beschauer des Bildes die Vorstellung von der Nothwendigkeit der Fortbewegung des nach vorn geneigten Körpers in der angegebenen Richtung erwecken soll. (*Harless, Lehrb. d. plast. Anatom. II. Aufl. S. 362.*)

Bei der eigentlich normalen Gangart aber wird es wenige Momente geben während eines Schrittes, in welchen der Körper nicht bis zur Ermüdung verharren könnte, ohne umzufallen. Sie kann desshalb in so gemessenem Tempo und so sehr gleichsam über den Boden hinschwebend ausgeführt werden, dass sie eher eine Herrschaft der organischen Kräfte und Einrichtungen über die Schwerkraft, als ein Beherrschtwerden durch dieselbe bekundet.

Es wird desshalb auch der Künstler den so wundervoll komplizirten lebendigen Organismus nicht für die blosse Darstellung einfacher elementarer Bewegungen, wie der Fallbewegung benützen, sondern im Gegentheil bestrebt sein, durch richtige Auffassung und treue Wiedergabe der Mittel, welche dem organischen Körper im Kampfe mit elementaren Kräften zur Verfügung stehen, die leichte und sichere Ueberwindung und Unterwerfung derselben zu eigenen Zwecken im Bilde zu verherrlichen.

XIV.

Rückblick und Schlussbemerkungen.

§ 43.

Das wesentlichste Ergebniss unserer Untersuchungen lässt sich auf folgende den Werth der Wahrscheinlichkeit beanspruchende Sätze zusammenfassen:

Sämmtliche beim Gehen mitwirkende Muskeln befinden sich für die Dauer desselben im Erregungszustande.

Die Kontraktionen der Muskeln während des Gehens sind nicht als einzelne Willensakte aufzufassen, sondern gehen unmittelbar aus Dehnungen hervor, insofern jede Reihe von Muskelkontraktionen eine benachbarte Reihe von Muskeldehnungen hervorruft und der Prozess dadurch weiterschreitet, dass sich die Dehnungsreihe sogleich wieder in eine Kontraktionsreihe verwandelt. In Folge dessen kann es keine Periode oder auch nur einen Moment geben während des Gehens, in welchem nicht eine bestimmte Reihe von Muskeln jedes Beins sich aktiv an der Fortbewegung betheiligt.

Das eigentliche Movens dürfte in der Differenz zwischen der passiv dehnenden und der durch sie ausgelösten aktiv zusammenziehenden Kraft des erregten Muskels zu suchen sein, welche Differenz der Summe der zu überwindenden äussern Widerstände gleichzusetzen wäre.

Der Wille leitet den Vorgang dadurch ein, dass er durch eine einmalige absichtliche Bewegung — Aufheben des vorschreitenden Beins — den Körper nach der gewünschten Gehrichtung hin aus dem Gleichgewichte bringt, und während dann der nachfolgende Gehakt ohne seinen direkten Einfluss gleichsam automatisch sich vollzieht, sorgt er für den erforderlichen Grad der Muskel-Erregung, überwacht die Aequilibrirung des Körpers und ist in einem durch Erfahrung und Uebung bestimmten Grade befähigt, selbstthätig jeden Augenblick in den Prozess einzugreifen.

Die Mittel zur Muskeldehnung sind gegeben in den doppelten Rotationen der Knochen um Längs- und Querachsen; bei diesen in Folge der zunehmenden Konvexität des sich beugenden Gelenkes, über welches sich der Muskel hinüberspannt; bei jenen in Folge der Aufwicklung seiner Fasern über die Peripherie des Knochens oder seine eigene Substanz (Torsion).

In beiden letzteren Fällen wird der Effekt der Rotation um die Längsachse dadurch erhöht, dass der Faserverlauf der Muskeln sich der Zugsrichtung dieser Rotation nähert, d. h. nach links oder rechts spiralig windet.

Der Typus der spiraligen Windung erstreckt sich aber nicht allein auf die Muskeln, sondern dehnt sich auch auf Knochen und Bänder aus und indem wir die in gleichem Sinne gewundenen Gebilde ihren funktionellen Beziehungen entsprechend zusammenfassen, erhalten wir zwei nach entgegengesetzten Richtungen gewundene dynamische Systeme, deren Elemente sich theils unter den verschiedensten Winkeln beweglich durchkreuzen und verflechten, theils zu statischen Zwecken streckenweise mit einander verschmelzen.

Das durch den absichtlich entfesselten Kampf zwischen Muskelkraft und Schwere unterhaltene Spiel dieser beiden Systeme besteht im Wesentlichen darin, dass das eine aktive System sich selbst aufdrehend das andere passive torquirt; indem hierbei die Spannung des erstern immer mehr abnimmt, die des letztern dagegen wächst, vertauschen sich die Rollen unter beständigem Wechsel.

Da Torsion und Detorsion der Kontinuität der Extremität entlang fortschreiten, so ist dieser Wechsel nicht überall gleichzeitig, und es kann am einen Ende der Extremität das eine System noch aktiv sein, während am andern Ende die Aktion schon auf das andere System übergegangen ist.

Die Muskulatur des Herzens und der Gebärmutter wiederholt den bei den Extremitäten und dem Stamme gefundenen Typus der Kreuzung zweier entgegengesetzt gewundener Spiralsysteme und der Uebereinstimmung der Form entspricht unter Voraussetzung gleichen Verhaltens — Detorsion ihrer Windung während der Kontraktion — eine analoge Bewegung.

Bei den Extremitäten führt das Spiel der beiden Systeme in Folge Wanderns des fixen Ausgangspunktes für die Bewegung von einem Ende zum andern zur Lokomotion; beim Herzen und der Gebärmutter von der bleibenden fixen Stelle aus zur Austreibung ihres Inhaltes.

Selbstverständlich ist die doppelte Rotation in den Torsions- und Detorsionsbewegungen enthalten. Ein in äquatorialer und polarer Richtung um ein Zentrum rotirender Punkt wird keine zylindrische, sondern eine schneckenförmige Spirale beschreiben; der Radius der Windung wird um so kleiner, die Windung um so enger werden, je mehr der Punkt sich den Polen nähert, und um so weiter, je näher er zum Aequator gelangt. Dieser Zu-, resp. Abnahme des Krümmungsradius entspricht die Streckung und Beugung einer Reihe von Punkten, welche sich längs der schneckenförmigen Bahn hin und und her bewegen. Sind die Komponenten derselben statt kreisförmig elliptisch, so wird dies Verhalten noch auffallender.

Es ist in hohem Grade interessant, dass diejenigen Stellen, auf welche in Folge der streckenweisen Verschmelzung der beiden dynamischen Systeme grössere Winkelbeträge der beiden Rotationen entfalten — die Gelenk-Enden der Knochen — Formen aufweisen, welche sich auf den schneckenförmigen Typus zurückführen lassen. Ich verweise hier auf die früher zitirte Arbeit C. Langer's über das Kniegelenk, in welcher derselbe die Gelenkflächen der Tibia- und der beiden Femur-Kondylen auf das Schema conchoidaler Flächen zurückführt, deren veränderliche Ergänzungsstücke die nach entgegengesetzten Richtungen gewundenen Kreuzbänder bilden.

Ueber die Form des Femurkopfes herrscht bis zur Stunde noch eine Meinungsverschiedenheit unter den Autoren, welche durch die anscheinend exaktesten Untersuchungen bisher nicht auszugleichen war. Frühere Autoren, darunter auch die Br. Weber führten sie auf die regelmässige Kugelgestalt zurück; in neuerer Zeit hat sie Aeby als einem Rotationsellypsoid angehörig erklärt, während Albrecht fand, dass sie von diesem ebenso abweiche, wie von der reinen Kugelform. Möglicherweise lässt sich auch in ihr ein conchoidaler Körper nachweisen, eine Vermuthung, die sich Einem bei der Ansicht des Gelenkkopfes von innen leicht aufdrängt.

Die allmälige Vergrösserung des Krümmungsradius von vorn innen nach hinten oben und aussen, sowie das Breiterwerden der Windungsflächen in der angeführten Richtung, wenn man den Pol in die Gegend der Fovea verlegt, macht ganz den Eindruck, als finde sich auch hier der mehrerwähnte Bildungstypus der Schnecke.

Die mit der histiologischen Differenzirung verbundene ungleichmässige Volumsänderung der Gewebe, sowie ihr späteres Wachsthum tragen ohne Zweifel viel dazu bei, dass ihre ursprüngliche Form in vielen Fällen nicht mehr so augenfällig erscheint; dazu kommt noch, dass wir es hier vorwiegend mit massiven Körpern zu thun haben. Wo wir Hohlgebilde vor uns haben, wie beim Herzen und der Gebärmutter, bei welchen auch die Differenzirung der ursprünglichen Bildungsmasse in Muskelgewebe eine gleichartige ist, ist auch in den äussern Umrissen die Form eines schneckenförmigen Körpers besser erhalten.

Die Formen der Organe und diejenigen ihrer Bewegung, des schneckenförmigen Windens, sind einander also geometrisch ähnlich und die einen lassen sich aus den andern ableiten.

Die prinzipielle Uebereinstimmung im anatomischen Bau und den Bewegungen des ganzen beim Gehen betheiligten Skelettes, seiner Muskeln, Bänder und Gelenke, sowie der übrigen in Betracht gezogenen Gebilde bedingt einerseits die Harmonie der Bewegungen, andererseits weist sie auf einen ganz bestimmten Bildungs-Typus hin.

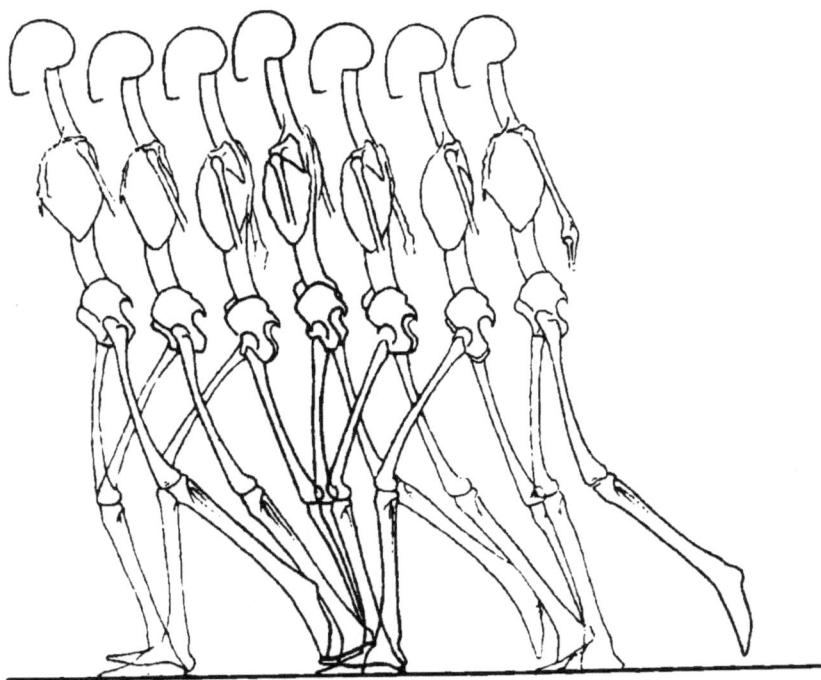

Taf. I.   **Gangart nach einwärts.**

Taf. II. A.   **Gangart nach auswärts.**

Taf. II. B.   **Schematische Darstellung der bei letzterer Gangart thätigen Muskeln.**

Afl.	=	M adductor femor. long.	*Pmj*	=	M. pectoral. maj.
Afm.	=	M. adductor femor. magn.	*Po*	=	M. popliteus
Bf.	=	M. biceps femor.	*Qf*	=	M. quadrat. femor.
D	=	M. deltoides	*Ra*	=	M. rectus abdom.
Edl	=	M. extens. digit. long.	*Rf*	=	M. rectus femor.
Ehl	=	M. extens. halluc. long.	*Sa*	=	M. serratus antic. maj.
Gae	=	M. gastrocnem. extern.	*Sc*	=	Mm. scaleni
Gai	=	M. gastrocnem. intern.	*Scs*	=	M. sacro-spinalis
Gm	=	M. glutaeus maxim.	*Sm*	=	M. semimembranosus
Gmd	=	M. glut. med.	*Sp*	=	M. splenius
Gmi	=	M. glut. minim.	*Spi*	=	M. serrat. post. infer.
Jp	=	M. iliopsoas	*Ss*	=	M. semispinalis
Ld	=	M. latissim. dorsi	*Ta*	=	M. tibial. ant.
Lgd	=	M. longissim. dorsi	*Tf*	=	M. tensor fasc. lat.
Oae	=	M. obliq. abdom. ext.	*Ve*	=	M. vastus extern.
Oai	=	M. obliq. abdom. int.	*Vi*	=	M. vast. intern.
Oi	=	M. obturat. int.			

Taf. III.   **Schematische Darstellung des Verlaufes der Muskulatur im Sinne der beiden sich kreuzenden Spiralsysteme.**

B

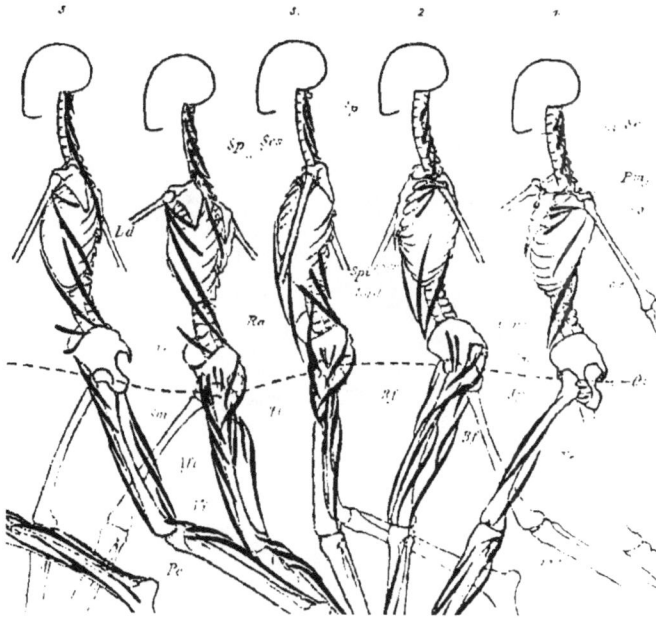